U0377406

身份攻击向量

Identity Attack Vectors

Implementing an Effective Identity and
Access Management Solution

[美] 莫雷·哈伯（Morey Haber）
达兰·罗尔斯（Darran Rolls）　著

奇安信身份安全实验室 译

人民邮电出版社

北 京

图书在版编目（CIP）数据

身份攻击向量 /（美）莫雷·哈伯（Morey Haber），
（美）达兰·罗尔斯（Darran Rolls）著；奇安信身份安
全实验室译. -- 北京：人民邮电出版社，2022.7
ISBN 978-7-115-58350-5

Ⅰ. ①身… Ⅱ. ①莫… ②达… ③奇… Ⅲ. ①计算机
网络管理－研究 Ⅳ. ①TP393.07

中国版本图书馆CIP数据核字(2021)第261752号

版 权 声 明

- ◆ 著　　［美］莫雷·哈伯（Morey Haber）
　　　　　［美］达兰·罗尔斯（Darran Rolls）
　　译　　奇安信身份安全实验室
　　责任编辑　傅道坤
　　责任印制　王 郁 胡 南
- ◆ 人民邮电出版社出版发行　　北京市丰台区成寿寺路 11 号
　　邮编　100164　电子邮件　315@ptpress.com.cn
　　网址　https://www.ptpress.com.cn
　　北京七彩京通数码快印有限公司印刷
- ◆ 开本：720×960　1/16
　　印张：10.75　　　　　　　　　2022 年 7 月第 1 版
　　字数：166 千字　　　　　　　2025 年 3 月北京第 6 次印刷
　　著作权合同登记号　图字：01-2021-3940 号

定价：59.00 元

读者服务热线：**(010)81055410**　印装质量热线：**(010)81055316**
反盗版热线：**(010)81055315**

内 容 提 要

在身份盗用频发、身份管理不完善的现状下，如何应对由此引发的企业安全风险成为安全从业人员关心的重点主题。本书针对 IAM 相关的风险、攻击人员可以利用的技术，以及企业应该采用的最佳实践进行了解读。

本书分为 21 章，主要内容包括：什么是身份，以及如何将身份相关的账户和凭据用作攻击向量；实施有效的 IAM 计划，并提供监管合规证明；了解身份管理控制在网络杀伤链中的作用，以及如何将权限作为薄弱环节进行管理；将关键身份管理技术集成到企业生态系统中；通过周密计划、实施部署、审计发现、报告和监督等多种手段来降低通过利用身份发起的攻击。

本书适合网络安全管理人员、身份访问与管理实施人员和审计人员阅读、参考。

序

试想一下：亚马逊公司里没有人真的见过我，没有人验证过我的账户信息，也没有人验证过我的签名。对亚马逊而言，我只是一堆不同的字符，这些字符组成了我的电子邮件地址，供我使用。于他们而言，我没有蓝色的眼睛，没有斑白的头发，也没有其他任何可以肉眼识别的特征。事实上，在他们眼里，我根本不是一个看得见摸得着的物理实体。

但是，亚马逊可能比现实世界中的任何人都更清楚我的兴趣和喜好。它们清楚什么时间最适合给我寄送健身饮料，知道我想读什么书或者接下来看什么视频，所有这些都基于我十年前随机选择的一些字符。

而且这不只发生在我身上，亚马逊的几亿用户都会受到同样的礼遇。

当然，拥有这种本领的不只亚马逊一家。谷歌、Facebook、Netflix、Twitter等都有这种知人、识人的本领，在这些不同平台之间，这组随机字符（电子邮件地址）就成了我的网络身份标识，它代表现实中的我。虽然这个想法让人感到不安，但是我们更应关注的是，这种模型是如何成为企业身份管理基础的。

在一个没有边界的世界里，任何人都可以从任何地方访问任何东西，我们的第一道防线，也可能是唯一的一道防线就是"身份"。这是一个可信标识，可以用来验证企业内的访问权限，并为基于风险的决策提供可靠基础。可惜大多数组织仍停留在身份管理中的"账户"阶段，错失了项目迭代发展的大好机会，进而失去了面向未来转型的良机。

目前大多数企业都会使用员工的电子邮件地址来标识员工身份，这是一种标准做法。过去，随机生成的用户名晦涩难懂，不仅与用户的真实名字没什么关联，而且在其他系统中一般也没有什么意义。为了提升用户体验，我们不断开发新技术，现在常用的电子邮件地址已经变成了更简单、常见的标识符组合。通过使用更好辨别、易于记忆的名字，基础设施团队就可以使用单一目录来处理整个企业的大部分身份认证请求。

对用户来说，电子邮件地址很容易记住，同时电子邮件地址的曝光率又很高，它们大量出现在名片、社交媒体帖子、邮件中，被用户用来宣传推广自己。现在我们不仅要信任用户公开的信息，而且还要基于它做认证和授权决策。

意识到上述情况后，作为安全行业从业者，我们不禁思考为什么我们会花大量精力去保护网络和服务器，而对了解和保护用户身份却很少关注。几十年来，我们在边界安全防护上投入了大量资金，但数据泄露事件的数量和严重程度却节节攀升。每年都会出现一些新的攻击向量，让我们防不胜防，但不难发现，不管攻击手段如何千变万化，其攻击目标往往都是一样的，即盗取账户凭据、提权、最大程度地窃取信息。犯罪分子需要有访问权限才能窃取信息，没有访问凭据，窃取信息几乎是不可能的。

正因如此，用户身份才成为当今地下市场上最炙手可热的商品。犯罪分子发动攻击时会对目标设施进行持续、深入的渗透，导致每天有大量设备、关键员工账户、共享身份信息的访问权限在地下市场交易。有些犯罪分子喜欢用勒索病毒等恶意软件赚快钱，他们看重的是眼前利益。还有一些不法入侵者和手段更高级的黑客更看重长远利益，他们更喜欢长期、持续、深入地渗透目标计算机环境。

退一步看，作为安全专家，我们所做的工作几乎全是基于身份的。我们知道是谁发起的网络连接，我们可以核实是谁在登录应用程序，发送机密电子邮件的人是否有这样做的权限，目标收件人是否有接收权限。在某种程度上，这一切都基于我们是如何把一个行为与一个人关联起来的。不管触发了什么警报或存在什么漏洞，第一个问题几乎总是：这是"谁"干的？

随着网络边界逐渐瓦解，企业采用云服务也似乎成了一个必选项，用户身份成为最后几个仍掌控在企业手中的堡垒之一。管理、监视、控制用户身份是计算机系统环境必须具备的基本功能，但说起来容易做起来难。众所周知，身份管理项目周期长，容易引起混乱，而且往往命运多舛。

与其他许多安全项目不同，身份管理项目往往会打破企业内部几乎所有技术/业务壁垒。许多身份管理项目面临的最大挑战之一是将业务应用与基础设施中的用户目录进行整合（这些用户目录位于基础设施的底层），试图把现代用户界面服务与过时的遗留目录对接起来。实现基于用户角色的授权模式（RBAC）和职责分离（SoD）极大提高了整合的复杂度，这不仅要求我们了解相关技术，还要了解构建在这些技术基础上的业务。

本书作为最新推出的"攻击向量"系列丛书之一，将带领大家一起了解企业中如何进行复杂的身份管理。此外，书中还给出了一些确保身份管理程序正常上线并运行的实践经验、"避坑"建议，以及保证身份管理程序长期运行的有效方法。

John Masserini，CISO

译 者 序

"在互联网上，没人知道你是一条狗"。这句话源于 1993 年刊登于《纽约客》的一则漫画，至今广为流传。

是的，物理世界的一切实体在数字世界中均映射为一组数据，这组数据称为数字身份（Digital Identity）。数字身份是物理实体在数字世界的"代理"，代表物理实体在数字世界开展一切活动。为了缓解类似"没人知道你是一条狗"的尴尬，就需要技术手段来确保只有正确的人或物，在正确的时间、地点，基于正确的缘由，才能访问正确的资源。身份与访问管理（Identity and Access Management，IAM）系统的目标便是提供这些技术手段。

IAM 作为一个完整的技术体系，并非凭空创造出来的，而是伴随着信息技术的发展，经过几十年的时间演化而来的。

数字身份这个概念可以追溯至 20 世纪 60 年代，它伴随着计算机分时操作系统的出现而出现。

20 世纪 60 年代初，图灵奖获得者费尔南多·科尔巴托（Fernando José Corbató）博士开发了世界上第一个计算机分时操作系统，该系统允许多个人同时使用一台计算机。计算机中存放着每个人的私有文件，因此需要一定的技术手段来确保只有其所有者才能访问相应的文件。科尔巴托博士于是引入了数字身份及基于口令的身份认证技术来解决该问题。

显然，早期的数字身份相关技术主要用于为操作系统或应用软件提供身份认证和基础访问控制能力，功能相对简单，大多内置于操作系统或应用软件。

20 世纪 90 年代中晚期，随着互联网规模的扩大和软件技术的高速发展，企业软件的功能越来越复杂，开放性越来越高，种类越来越多，为每个软件系统独立地构建身份与访问管理技术组件变得非常不划算，且难以管理。因此，这些技术组件逐渐从各个应用软件中剥离出来，进行独立构建和部署，为各软件系统提供统一的服务。这样可以有效节约开发部署成本，降低管理复杂度，更好地满足企业的安全与合规需求。

这些剥离出来的技术组件快速形成了一套完整的技术体系，真正意义的 IAM 就此诞生，并持续演进。

在随后的 10 多年时间里，IAM 技术体系蓬勃发展，身份目录、多因子认证、自适应访问、身份联邦、身份分析等技术持续迭代。IAM 细分领域层出不穷，比如，针对流程优化与合规治理的身份治理与管理（IGA），针对运维及高特权访问场景的特权访问管理（PAM），针对云上身份与认证场景的身份即服务（IDaaS），针对客户身份管理场景的客户身份与访问管理（CIAM）等。这些细分领域虽然在场景上各有侧重，但从技术能力的维度来看，共性极大，因此这里暂以身份与访问管理（IAM）作为这一技术体系的总代名词，将将其概括为：

身份与访问管理（IAM）是一系列围绕身份、权限、上下文、活动等数据提供以管理、认证、授权、分析为核心的技术体系。

其中，

- 身份数据提供实体（人、设备、应用、系统、数据等）相关的数字化身份标识、凭据、属性等信息；

- 权限数据提供与访问权限相关的角色、访问条件、授权策略等信息；

- 上下文数据提供身份与访问活动相关的终端、软件、时间、位置、网络、资源、操作等信息；

- 活动数据提供身份与访问相关的操作记录及身份数据、权限数据的变更记录等信息。

这 4 类数据囊括和承载了物理实体在数字世界开展一切活动所需要和产生的信息，而 IAM 则对身份和权限数据进行治理与管理，为进入数字世界的实体提供身份认证，为数字世界的访问活动提供访问授权，并基于各类数据进行分析，从而为管理和访问提供决策依据。

IAM 作为一个重要的技术领域，其演进不可谓不快，然而，IAM 在多数企业的工程实践进展中却相形见绌。姑且不说诸如自适应访问、身份分析这类"新一代身份安全"技术的采用度极低，就连一些基础技术的采用和工程化方面的成熟度也是较低的。比如，身份管理系统只能覆盖部分用户，而无法统一管理内外部的各类用户；各应用集成多因子认证的情况参差不齐；针对不同的业务场景独立开发了 IAM 组件，导致一个组织内部存在多个身份孤岛；缺乏有效的流程规范和治理机制，导致身份数据质量差，孤儿账号、幽灵账号、权限滥用等问题普遍存在。

IAM 技术体系发展的相对成熟与其工程实践的不成熟之间的反差令人惊讶，个中原因多种多样，但最根本的一点还是驱动力或愿景不足。IAM 的落地需要 IT、安全、业务、研发等多个部门的协同参与，需要企业的信息化及安全主管，甚至 CEO 等高层领导的大力支持和推动才能确保成功。这就需要 IAM 成为企业业务愿景的重要支撑，成为安全建设的优先事项，否则结果可想而知。

不过，我们也欣喜地看到，这一尴尬局面正在发生改变。近几年，随着企业数字化转型的深化，身份基础设施正在成为数字化业务的重要支撑，以身份为基石的零信任架构正在逐步成为企业信息化和安全主管领导的重要关注点，成为企业的首要安全策略。

在数字化时代，以云计算、微服务、大数据、移动计算为代表的新一代信息化建设浪潮愈演愈烈，IT 基础设施的技术架构发生了剧烈的变革，导致传统的网络边界变得模糊。此外，外部攻击者的目标也从网络转向身份、应用和数据，而内部身份及权限管控不严导致的内部威胁也成为数据泄露的主要原因。在这些内外部业务和安全驱动下，安全理念和方法随之快速演进。零信任便是这种演进的产物。零信任作为一种以资源保护为核心的网络安全理念，认为对资源的访问无论是来自内部还是外部，主体和客体之间的信任关系都需要通过持续地评估进行动态构建，并基于动态信任策略实施访问控制。

零信任的实质是"在网络可能或已经被攻陷，存在内部威胁"的环境下，把安全能力从边界扩展到主体、行为、客体资源，从而构建"主体身份可信、业务访问动态合规、客体资源安全防护、信任持续评估"的动态综合纵深安全防御能力。

零信任所依赖的身份可信与动态访问控制能力需要通过 IAM 技术体系提供。从技术方案层面来看，零信任是借助身份安全技术实现对人、设备、系统、应用和数据的全面、动态、智能的细粒度访问控制，构建身份安全新边界。

需要注意的是，零信任架构的身份基石是新一代身份安全基础设施（或者称之为现代 IAM），需要对 IAM 现有技术体系及架构进行一定的整合和优化才能达成。为此，需要用统一的框架对企业现有的各个 IAM 孤岛能力进行有机融合，为人员、设备、应用等实体赋予数字身份，汇聚来自各类系统的身份及活动相关的数据，构建主客体的身份数据视图。这些整合后的安全能力和身份数据可以称为身份编织（Identity Fabric）。各种身份安全能力就像乐高组件一样，可以进行按需组合、灵活调用。各种身份数据可以被汇聚、关联和分析，这样身份安全能力才能更容易在各种数字化业务场景中调用，真正成为构建零信任主体身份可信的能力基石，成为零信任持续信任评估的数据来源，成为零信任业务访问动态合规的决策依据，为客体资源构建起动态的身份微边界。

只有将身份安全技术体系纳入企业零信任安全策略，并作为企业安全架构演进的高优先事项，才能在企业高层的领导下，采用系统的工程方法，有序地开展规划、构建、运行和持续优化的活动；才能推动 IAM 的现代化演进并与零信任架构进行有机结合，构建统一的零信任动态授权平台；才能确保零信任身份安全的整体能力在各种数字化业务场景中被有效调用，为数字化业务保驾护航。

IAM 技术体系纷繁复杂，工程实践也充满挑战。然而，我们很诧异地发现，目前国内体系化介绍身份安全的专业图书几乎空白。我们在与人民邮电出版社沟通之后达成合作意向，共同敲定了本书的引进和翻译工作。本书以基础概念普及和工程实践指导为主，内容深入浅出，希望可以为业界同仁带来一些有价值的参考。

本书由奇安信身份安全实验室进行翻译，我作为团队负责人统筹安排该书的翻译任务，同时也深度参与了本书的翻译工作。此外，参与本书翻译的其他人员有奇安信身份安全实验室的张丽婷、沈韵、刘君如等人，她们同时也是《零信任网络：在不可信网络中构建安全系统》一书的主要译者。

本书的翻译工作是大家在繁忙的工作之余开展的。为了让译文简单易懂，同时保留原文特色，我们进行了反复的研习与调整、优化。当然，碍于技术理解和英文翻译功底，本书在翻译过程中难免有疏漏和谬误之处，也欢迎广大读者批评指正。

最后，零信任身份安全技术理念倡导与工程实践，离不开奇安信集团各级领导及各专业团队的大力支持和帮助，在此谨表谢意！

张泽洲

关 于 作 者

莫雷·哈伯（Morey Haber）是 BeyondTrust 公司的首席
技术官兼首席信息安全官。他在信息技术行业拥有 20 多年
的工作经验，委托 Apress 出版了两本著作：*Privileged Attack
Vectors* 与 *Asset Attack Vectors*。2018 年，Bomgar 收购了
BeyondTrust，并保留了 BeyondTrust 这个名称。2012 年，
BeyondTrust 公司收购 eEye Digital Security 公司后，Morey 随
之加入 BeyondTrust 公司。目前，Morey 在 BeyondTrust 公司
从事特权访问管理（PAM）、远程访问和漏洞管理（VM）解
决方案的有关工作。2004 年，Morey 加入 eEye 公司，担任安全技术部门主管，负责
财富 500 强企业的经营战略审议和漏洞管理架构。进入 eEye 之前，Morey 曾担任 CA
公司的开发经理，负责新产品测试，以及跟进客户工作。Morey 最初被一家开发飞行
训练模拟器的政府承包商聘用，担任产品可靠性及可维护工程师，并由此开始了自己
的职业生涯。Morey 拥有纽约州立大学石溪分校电气工程专业理学学士学位。

达兰·罗尔斯（Darran Rolls）是 SailPoint 公司的首席
信息安全官兼首席技术官，负责指导公司的技术战略和安
全运营。他曾在 Tivoli Systems、IBM、Waveset Technologies
和 Sun Microsystems 等公司长期从事身份管理和安全工作。
Darran 曾协助设计、构建和交付一些新颖且具有突破性的
技术解决方案，这些解决方案定义和塑造了"身份与访问
管理"（IAM）行业。过去 25 年间，他经常在世界各地的身份与安全行业活动中
发表演讲，在身份识别、隐私保护、身份治理与管理方面受到业内人士的尊重。
Darran 还是一位积极的行业标准贡献者，致力于推动身份管理和访问管理的标准
化工作。

关 于 译 者

奇安信身份安全实验室，作为奇安信集团下属的实验室，专注于"零信任身份安全架构"的研究，率先在国内大力推广零信任的理念及技术落地，并翻译并出版了《零信任网络：在不可信网络中构建安全系统》一书。

奇安信身份安全实验室（以下简称为"实验室"）以"零信任安全，新身份边界"为技术理念，构建了涵盖"以身份为基石、业务安全访问、持续信任评估、动态访问控制"四大关键能力、适应数字化时代政企环境的零信任安全解决方案，推动了"零信任身份安全架构"在各行业的建设实践，并牵头制定了首个国家标准《信息安全技术 零信任参考体系架构》。

实验室凭借其领先的技术实力与方案优势，多次获得 Forrester、Gartner、IDC、安全牛等国内外知名机构的推荐，并入选了工业和信息化部 2021 年大数据产业发展试点示范项目名单、工业和信息化部 2021 年数字技术融合创新应用典型解决方案名单。此外，还先后荣获我国智能科学技术最高奖"吴文俊人工智能科技进步奖"（企业技术创新工程项目）、2021 年数博会领先科技成果"黑科技奖"等诸多奖项。

为了帮助广大读者和技术爱好者更好地理解零信任身份安全的相关信息，实验室成立了"零信任安全社区"公众号（微信 ID：izerotrust），并定期分享和推送"零信任身份安全架构"在业界的研究和落地实践，欢迎广大读者和业界人士关注。

关于技术审稿人

德雷克·史密斯（Derek Smith）是网络安全、数字取证、医疗信息技术、数据采集与监控（SCADA）安全、物理安全、调查、组织领导力和培训方面的专家。他目前担任联邦政府的信息技术主管，也在马里兰大学-大学学院分校、弗吉尼亚科技大学担任网络安全副教授，同时经营着一家小型网络安全培训公司和一家从事数字取证的私人调查公司。迄今为止，Derek 已经出版了 4 本网络安全书籍。Derek 积极参加全美各地举行的网络安全活动并发表演讲，同时担任几家公司的网络专家，主持在线研讨会。此前，Derek 曾在多家 IT 公司工作，其中包括 Computer Sciences 公司和 Booz Allen 咨询公司。Derek 还在几所大学讲授商业和 IT 课程超过 25 年。Derek 在美国海军、空军、陆军总计服役 24 年。他获得了组织领导学博士、工商管理硕士、IT 信息保障硕士、IT 项目管理硕士、数字取证硕士、教育学学士以及多个准学士学位。目前，他正在法学院攻读行政法学博士学位。

献辞

本书就不特地献给谁了，不然你们该知道他们的身份了。

致　谢

特别感谢以下人员的贡献。

Matt Miller（特约编辑，BeyondTrust 公司高级内容营销经理）：

"当今，人们普遍认为千字抵一图，而在 20 世纪 20 年代，人们则认为万字才能抵一图。也就是说，在过去的 100 年里，文字相对于图片的价值增加了 10 倍。对于文字的未来，我依然满怀信心。"

Angela Duggan（负责插图，BeyondTrust 公司用户体验主管）：

"我认为，用户体验的好坏不在于产品是否拥有华丽耀眼的外表，而在于产品是否能够贴合用户的需求，满足用户的期待。好的用户体验应该如春雨般'随风潜入夜，润物细无声'。"

Neil McGlennon（特约编辑，SailPoint 公司客户与合作伙伴服务部门首席技术专家）：

"知识是罗盘，实践是东风，一手握罗盘，一手借东风，可确保你在任何海域中都能顺利航行。"

前　言

我叫 Morey Haber，是本书作者之一。本书另外一位作者是 Darran Rolls，我们的名字是标识我们各自身份的基本方式。我的名字是出生时父母给起的，它是我实现自我身份管理的一个重要概念。我的名字可能会发生变化，但我的身份永远不变，这一点毋庸置疑。

除此之外，我还有一个化名身份，叫 John Titor。事先澄清一下：我其实不是 John Titor，我不知道 John Titor 是谁，也不知道世上是不是真的有这么一个人。这是阴谋论者、"事实调查者"、追随者"赋予"我的一个化名。这也是我从事安全和信息技术专业工作 25 年来见过的最离奇的身份冒用和指控案例。

我稍稍为不知道的人解释一下，John Titor 这个名字在 2000 年和 2001 年曾多次出现在数个互联网平台中，他自称是一位可以时间旅行的美军士兵，从 2036 年穿越回来。John 声称自己看得到未来，并做了一些预测，包括 2004 年的大灾难和全球核战争，但无一应验。这些预测引起了网友们的广泛兴趣，执意要查明这些帖子和离谱说法背后的真相。有人认为 John 这个骗局是我搞出来的，也有人认为确有其人，并相信他是一个执行秘密任务的时间旅行者。有几个阴谋论者和恶作剧者认定我和哥哥 Larry 是这场骗局的始作俑者，并一再谴责我们设计出这样一场骗局。说句良心话，这两种说法都不对，但这些自称是记者和调查员的人一直打着"言论自由"的旗号败坏我的名声，说我要为这场骗局负责，并无休止地盗用我的身份到处发帖。尽管我是一名公众人物（YouTube、Twitter 等社交媒体是这样给我认证的），且出版了多部作品，但社交媒体平台不会过滤审查这些造谣我的帖子，他们认为这是发帖者的个人观点。你若不信，请上网搜一搜 John Titor。搜索结果可能会让你大吃一惊，你会找到大量有关 John Titor 的帖子、视频，甚至还有一两首歌曲。

　　然而，John Titor 不是本书讨论的主题，但是我写作本书的一个缘由。那些人已经把这个故事与我的姓氏、兄弟和假新闻（早在#fakenews 标签出现之前）联系在一起，并得出了令人难以置信的结论。尽管我试图联系那些指控我身份作假的人，向他们说明真相（我知道的也有限），但是 John Titor 这个名字却像印记一样深深地烙在我身上。这事有时很恼人，很烦人，好在我的家人已经看开了，学会了用幽默的态度来应对。尽管如此，对我虚假身份的指控还是在社交媒体上闹得沸沸扬扬。要证明真相并非如此，你就要做好准备，打一场永无休止的战争。如果你要说明互联网上充斥着各种骗局，就搜搜有关"树章鱼"（tree octopus）的信息。看到这里，我强烈建议你先放下本书，打开你常用的浏览器搜搜看。

　　怎么样？搜完了吧？如果这些还不足以让你相信互联网上充斥着各种虚构的化名和假身份，那你还是读一读有关 John Titor 的文章吧，届时你的所有疑惑都会得到解答（有讽刺意味）。另外，再算上暗网上兜售的各种身份信息，一些事情就变得更加扑朔迷离了。

　　再次重申，我叫 Morey Haber，我的身份在网络上被威胁行动者盗用，他们声称我就是 John Titor。我无法改变自己的身份。我的身份与 John Titor 这个名字紧紧地联系在一起了，无法分离，而且有人坚持认为我就是 John Titor。这是一个极端且荒谬的身份盗用案例。毫无疑问，身份盗用这种攻击向量给互联网带来了严重的损害。

　　尽管这次身份盗用没有给我带来明显的经济损失，但给我造成了不小的麻烦。而且，局面一旦失控，这一威胁的其他潜在后果可能包括法律问题、版权问题、境外游受阻，甚至政府安全审查等。这么多年过去了，身份盗用给我以及其他有类似遭遇的人所造成的影响仍未消除。在未来几十年内，伤害继续累积，甚至会反复出现。所以，安全专家的首要任务是保护每个人的身份安全，确保它们不会被非法分子利用一些攻击向量盗用。

　　想象一下，如果这类攻击发生在你身上，你的身份遭盗用了，这会对你的个人生活和职场生活带来怎样的影响呢？不论对你还是你所供职的公司，结果都是毁灭性的。

　　一旦身份遭盗用，不良后果便随之而来，而且我们几乎没有什么好办法可以消除所有的影响。在这种情况下，我们唯一能做的就是恢复、寻求帮助、更改密码，并尽可能对产生的不良后果进行补偿，尽最大努力让一切恢复正常。而这对大多数人来说绝非易事。

上面讲到了身份盗用对个人的影响，但这不是本书讲解的主题。本书主要讲述在企业环境下身份是如何被攻击、误用、歪曲，并最终被盗用的。在本书中，我们将一起探讨数字身份的概念，学习正确的设置方法与管理哲学，还要学习如何保护它们免遭盗用和滥用。我们还将一起了解身份、账户和凭据之间的细微区别，并学习如何利用它们之间的关系来攻击权限和资产。所有这些都属于身份治理（IG）的范畴，通常也称为身份与访问管理（IAM）。

最后，我们将介绍在企业环境中实施 IAM 解决方案所需的最佳实践步骤和成熟模型，以便帮助大家最大限度地降低身份盗用的风险，管理好身份，同时遵守身份治理的合规性要求。

我和 John Titor 的纠葛已不可挽回，在此提醒大家注意防范这种风险，千万不要让威胁行动者伤害你、你的业务，以及你的员工。

身份盗用是一种严重的犯罪，攻击向量复杂多样。如果我们真正搞懂身份是什么，了解身份盗用可以做什么，就能构建出有效的防御策略，就能最大限度地降低这种潜在风险。

资源与支持

本书由异步社区出品，社区（https://www.epubit.com/）为您提供相关资源和后续服务。

提交勘误

作者和编辑尽最大努力来确保书中内容的准确性，但难免会存在疏漏。欢迎您将发现的问题反馈给我们，帮助我们提升图书的质量。

当您发现错误时，请登录异步社区，按书名搜索，进入本书页面，单击"提交勘误"，输入勘误信息，单击"提交"按钮即可。本书的作者和编辑会对您提交的勘误进行审核，确认并接受后，您将获赠异步社区的 100 积分。积分可用于在异步社区兑换优惠券、样书或奖品。

扫码关注本书

扫描下方二维码，您将会在异步社区微信服务号中看到本书信息及相关的服务提示。

与我们联系

我们的联系邮箱是 contact@epubit.com.cn。

如果您对本书有任何疑问或建议，请您发邮件给我们，并请在邮件标题中注明本书书名，以便我们更高效地做出反馈。

如果您有兴趣出版图书、录制教学视频，或者参与图书技术审校等工作，可以发邮件给本书的责任编辑（fudaokun@ptpress.com.cn）。

如果您来自学校、培训机构或企业，想批量购买本书或异步社区出版的其他图书，也可以发邮件给我们。

如果您在网上发现有针对异步社区出品图书的各种形式的盗版行为，包括对图书全部或部分内容的非授权传播，请您将怀疑有侵权行为的链接发邮件给我们。您的这一举动是对作者权益的保护，也是我们持续为您提供有价值的内容的动力之源。

关于异步社区和异步图书

"异步社区"是人民邮电出版社旗下 IT 专业图书社区，致力于出版精品 IT 技术图书和相关学习产品，为作译者提供优质出版服务。异步社区创办于 2015 年 8 月，提供大量精品 IT 技术图书和电子书，以及高品质技术文章和视频课程。更多详情请访问异步社区官网 https://www.epubit.com。

"异步图书"是由异步社区编辑团队策划出版的精品 IT 专业图书的品牌，依托于人民邮电出版社近 30 年的计算机图书出版积累和专业编辑团队，相关图书在封面上印有异步图书的 LOGO。异步图书的出版领域包括软件开发、大数据、AI、测试、前端、网络技术等。

异步社区

微信服务号

目 录

第1章

网络安全三大支柱

网络安全市场上充斥着各种浑水摸鱼的方案：单点解决方案的堆砌、虚假承诺、所谓的"独家定制"解决方案等。如果细数一下我们已经采用的安全方案，从杀毒软件、防火墙到安全监控、单点登录，可能会发现企业里已经部署了数家安全方案供应商的上百个独立的解决方案。虽然企业员工和管理层每天都在使用内部系统，但是他们对于这些系统所依赖的网络安全技术栈却不甚了解。

如果我们退后一步，从宏观层面对所有解决方案进行分组，会发现这些解决方案可以归属于 3 个逻辑分组。这 3 个逻辑分组构成了网络安全的三大支柱，如图 1-1 所示。

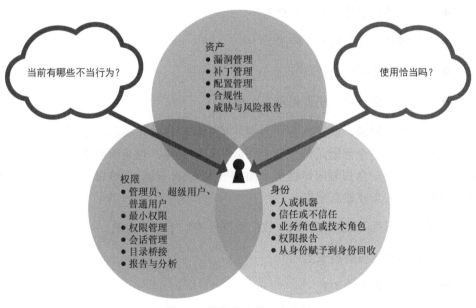

图 1-1　网络安全的三大支柱

网络安全的三大支柱如下所示。

- **身份**——保护用户的身份、账户、凭据免受不当访问。

- **权限**——保护身份或账户的权利、权限和访问控制。

- **资产**——保护用户身份所使用的资源（直接使用或作为服务使用）。

尽管有些解决方案集合了以上 3 个支柱，但其目标只是通过某种形式的关联或分析来整合每一部分的信息，比如"安全信息和事件管理"（SIEM）解决方案。SIEM 的设计目标是将分散在各处的安全数据整合起来，然后把这些数据进行关联以生成高级威胁检测和自适应响应信息。把上述三大支柱的共同特征关联起来，有助于我们从整体上把握整个环境。时间与日期参数是大多数 SIEM 解决方案典型的结合点。另外，资产或身份之间的关系有助于我们更直观地看出这几个支柱是如何整合在一起共同支撑起整个公司的网络安全的。

下面我们来看一个简单的关联示例。

- 谁是用户？（身份）

- 他们有权访问什么？（权限）

- 他们访问了什么？（资产）

- 这项访问安全吗？（权限）

- 资产安全吗？（资产）

- 访问是否与用户职责相符？（身份）

搞清楚这些问题，就能回答"当前环境中我应该关注哪些不当行为？"这个关键问题。回答这个问题是每个安全团队的首要目标，也是所有事件管理流程的基础。一份好的安全规划应该覆盖上面的三大支柱，确定一种可行方案，提供有效数据帮助三大支柱建立交集。

有了这种程度的监管和控制，我们就能回答以下几个问题。

- 我的资产与数据安全吗？

- 权限配置得当吗？

- 访问行为是否在正确的时间由正确的身份发起？

对大多数安全供应商及其客户来说，这三大支柱的整合是至关重要的。如果安全解决方案是孤立的，不共享信息或只在自己的"安全孤岛"中运行，或者只覆盖了其中两个支柱，那么它们的检测和保护能力以及可上报的数据将受到限制。例如，一个高级威胁防护方案或杀毒软件无法基于身份的上下文来共享用户信息并进行报告，那么威胁情报就很难被充分利用。把威胁情报作为孤立的日志、事件或者警报条目处理时，就会错过真正的关键信息。我们需要将来自 3 个支柱的数据进行整合，才能应对现代威胁。

如果上面这个例子没能说服你，那么我们再来看一个例子：假设我们没有对系统中敏感资产的访问权限进行跟踪，我们将永远无法知道某个身份对敏感数据的访问是否合适。而且我们也永远不可能知道，一个被盗用的账户当前访问的敏感数据属于哪些资产。当今，威胁行动者（Threat Actor）正是利用了这种可见性的缺失来破坏我们的网络环境。正因为缺失这种可见性，我们将无法跟踪失陷指标，也无法将其与三大支柱联系起来。

因此，每当看到一个新的安全或信息技术方案时，先要问问自己："这些方案属于网络安全三大支柱的哪一类？""它们是如何支撑我日常使用的其他支柱的？"如果这个解决方案只能孤立运行，请务必搞清楚原因，以及将来这个方案会对身份、资产、权限三大支柱的关系产生怎样的影响。说到这里，大家可能好奇这里的孤立运行是什么意思？所谓的孤立运行，意味着这类方案无法与其他方案兼容，也无法使 3 个支柱互通。这些新方案可能是物联网（IoT）设备方案或传统的杀毒软件方案，它们能做到报告资产感染情况，却无法判断恶意软件使用什么身份（账户或用户）或权限入侵了目标资产。

如果一个为资产提供（基于静态身份）物理防护的物联网门锁或摄像头产品无法与身份管理方案共享访问日志或进行集成，建议最好还是不要用了。另外，如果一个独立运行的杀毒方案无法对安全态势、签名更新或者故障进行集中报告，也不要选用。因为我们无法得知这样的杀毒软件是否正常运行，是否有问题，甚至无法知道它是否可以有效阻止恶意软件。在企业生产环境中，我们无法使用这种用户级的杀毒方案。但实际上这样的情况经常发生，到头来我们只能使用"打补丁"式的方案来解决问题。这样的杀毒方案即便能发出警报，也无法基于三大支柱相关的数据，收集到必要的信息，因此无法有效缓解威胁。

当我们明确网络安全防护的最佳实践，关注网络基础安全时，一定要考虑业务的长远目标。如果一个解决方案不是在三大支柱上运行，也没有支持互操作和数据交换的集成策略，那么这个方案明显就是单点解决方案。选用这样的方案时，一定要充分考虑风险。

我们选择的安全解决方案一定是有利于三大支柱整合的。如果不是，那就得多问几个为什么。比如，为什么要选择一个不支持集中管理的摄像机系统？摄像机系统属于资产保护支柱，用来监视实体在现实世界中的访问行为，如果不支持集中功能和管理，那它就是一座"孤岛"，发挥不了应有的作用。一个有效的安全解决方案需要同时支持三大支柱，才能为关联、分析和自适应响应提供有用信息。

还有人认为，一套完整的网络安全防护体系应该包含 4 根或 5 根支柱，除了上面提到的三大支柱外，还有培训、合作伙伴等。但是，我们更习惯于把所有工具和解决方案都划归到三大支柱中。为什么？3 条腿的凳子永远不会晃！3 根支柱相互联系，我们可以把它们综合起来集中管理，每一根支柱都汇总了一些攻击向量，相关内容请阅读本系列图书的另外两本：*Privileged Attack Vectors*（权限攻击向量）与 *Asset Attack Vectors*（资产攻击向量）（这两本书的中文版将由人民邮电出版社出版，敬请关注）。

众所周知，发现并修复网络安全漏洞对于保护企业免受非法攻击是至关重要的。此外，特权访问管理、漏洞评估、配置管理也是保护资产的重要组成部分，虽然这些方面经常被忽略。对于这些方面，我们也应该给予足够的重视，因为它们都是确保网络安全的基础。另外，需要提醒大家的是，漏洞管理是个持续的过程，但很多企业并没有在这方面投入足够的精力，疏于维护。当灾难降临时才行动起来，被迫做各种检查。还有些企业是"好了伤疤忘了疼"，事后不吸取漏洞评估与修复的教训，从而导致它们在管理三大支柱方面大大落后。当资产本身存在很多可以被利用的漏洞时，我们根本无法保护好身份。

此外，许多企业都会把漏洞管理看作孤立项目。让我们后退一步，审视一下漏洞扫描中捕获的资产信息和风险信息。这包括从漏洞到可访问本地资产的账户和用户组的方方面面。检查这些数据不仅有助于确定补丁的优先级和调动 IT 资源，还有助于我们根据数据本身的多样性来增强整个企业的其他安全投资，包括资产管理、补丁管理、应用程序控制、分析和威胁检测等，甚至还可以利用这些信息找出企业中的非法账户（恶意用户），从而加强对身份的管理。掌握这些工具有助于我们管理身份攻击向量，也能更好地理解本书的内容。

第 2 章

横 向 移 动

对威胁行动者来说，横向移动不单是为了盗取某个资源，更是为了在目标网络中偷偷漫游，并设法在目标网络中长久地存活下来。横向移动的目标是逃避防御系统的跟踪，隐藏非法入侵行径，进而做一些非法勾当。与网络钓鱼、定向攻击（基于窃取的凭据或发现的漏洞）不同，在横向移动攻击中，攻击者会寻找有价值的数据，攻陷多种资产，执行恶意软件，最后获得账户和身份，以便继续攻击。根据传统定义，横向移动是指在任何环境中，从一种资源转向另一种资源并在这些资源间持续跳转的能力。在这个有关横向移动的讨论中，我们更倾向于使用"资源"，而不是"资产"，因为它不仅局限于计算机和应用程序。

涉及横向移动的资源可以是表 2-1 中的任意一种，更重要的是，也可以是它们的任何组合。表 2-1 中列出了一些资源，以及最常见的权限攻击向量与资产攻击向量。

表 2-1 资源横向移动技术

资源	权限攻击向量	资产攻击向量
操作系统	基于凭据、证书或哈希的攻击	脆弱性、漏洞利用、错误配置
应用程序	凭据、证书，或应用程序间的攻击	脆弱性、漏洞利用、错误配置、非安全架构、生命周期终止
容器	凭据、证书或不安全的连接（缺乏零信任）	脆弱性、漏洞利用、错误配置、非安全架构、敏捷 DevOps
虚拟机	基于凭据、哈希或虚拟机的凭据攻击	脆弱性、漏洞利用、错误配置、非安全架构、敏捷 DevOps，以及基于 CPU、内存的漏洞
账户	凭据盗用或滥用、身份盗用	凭据盗用、滥用、内存刮擦、非安全凭据存储
身份	凭据复用、凭据盗用	不合适的账户连接

在这些资源之间进行横向移动时，使用的技术（包括权限攻击向量与资产攻击向量）有很大不同，但其目标都是一样的，即在相似或共享基础服务的资源之间进

行横向移动。也就是从一个操作系统横移到一个应用程序，然后使用前文提到的攻击向量的任意组合（此外还有许多其他攻击向量）盗取更多账户。既然横向移动的攻击手段多种多样，还可以在不同资源之间运用，那我们该如何防御这种攻击呢？

首先，找出允许横向移动的潜在缺陷。通常，借助权限攻击或资产攻击，攻击者可以获取一个访问身份，进而实施横向移动攻击。资产攻击是实现横向移动的第一种方法。资产攻击一般都是通过漏洞、补丁和不当的配置管理实现的。堵漏洞、打补丁、恢复正确配置等都是保证网络安全的最佳实践法，每个企业都应该做好，但没能做好。在此需要提醒的是，在目前较差的网络安全环境下，横向移动是勒索软件、机器人攻击、蠕虫和其他恶意软件等现代威胁使用的主要攻击向量。零信任、即时（just-in-time，JIT）身份、权限访问管理等现代手段甚至都无法有效缓解来自资产攻击向量的威胁。一次成功的攻击主要是源自软件缺陷，而不是资源交互时所使用的凭据。因此，对于基于资产攻击的横向移动，我们需要时刻把基础工作做好，以确保系统拥有良好的安全态势，避免产生漏洞威胁。

横向移动的第二种实现方法来自权限攻击向量。其中，最常见的是权限远程访问，这是目前威胁行动者进行横向移动攻击，获取某种资源最轻松、快捷的攻击向量，涉及技术如下：

- 密码猜测；
- 字典攻击；
- 暴力破解（包括密码喷洒等技术）；
- 哈希传递攻击；
- 安全提示问题；
- 密码重置；
- 多因子身份认证缺陷；
- 默认凭据；
- 后门凭据；
- 匿名访问；
- 可预测的密码创建；

- 共享凭据;

- 临时密码;

- 密码复用或回收。

在这些情形下，使用零信任和即时权限访问管理的确有助于减轻威胁。

- 零信任是一种安全模型，其原理是在任何时间、任何地点执行严格的访问控制，默认不信任任何人，包括网络边界内的人。

- 即时权限访问管理通过恰当的访问策略、权限、工作流实时控制权限账户的使用请求。

从这两个方面来缓解威胁的效果都比较直观。除非已获得第三方的信任和批准，否则不允许任何资源间存在授权或认证。使用即时属性来修改资源间的访问控制，可以保证可能会被横向移动利用的潜在信任不会一直存在。请注意，横向移动可能出现在资源之间，为了缓解横向移动攻击的威胁，应禁止资源之间存在不当信任。当不安全的凭据、身份、密码管理成为攻击向量时，不管哪一层的资源之间，横向移动攻击几乎总能得逞。这也是身份治理能有效应对这种风险的重要原因。

威胁行动者在发动横向移动攻击时不仅仅是从一种资产横移到另一种资产。事实上，资源间的横向移动要么是通过权限攻击实现的，要么是通过资产攻击实现的。一旦同一身份的多个账户遭到盗用，那么这个攻击向量就会变成一个身份攻击向量，一个人所拥有、负责或拥有特权或非特权访问权限的一切东西都变成了某种基于账户/身份关系的横向移动形式。这一点在有关横向移动的讨论中很重要，因为所谓的资源并非总是电子化的，它可以是身份、机器人、容器或 DevOps 软件等更为抽象的存在。不管怎样，威胁行动者的行为对于实现其恶意目标至关重要。

第 3 章

企业 IAM 的 5 个 A

目前市面上能够看到很多安全框架可以帮助定义、组织、实现以及提高系统的安全性。比如信息及相关技术控制目标（Control Objectives for Information and Related Technology，COBIT）倡议、美国国家标准与技术研究院（National Institute of Standards and Technology，NIST）网络安全框架、ISO 27K 等都提供了完整框架，可以指导我们制订安全规划。这些框架给出了大量的指导性建议，涵盖了从资金资助到安全事件响应准备等方方面面。

所有安全框架面临的一个最大挑战都是其自身的复杂性。其中身份管理也绝对算得上一个"正式"的安全框架。只不过，身份一般来说只能占到一节，最多一章，不可能成为重点。简化起见，在本书中，我们不会选择某个现成框架来讲解身份相关的内容，而是以一个名为"企业 IAM 的 5 个 A"的微型框架为例进行讲解。这个框架概况如图 3-1 所示。

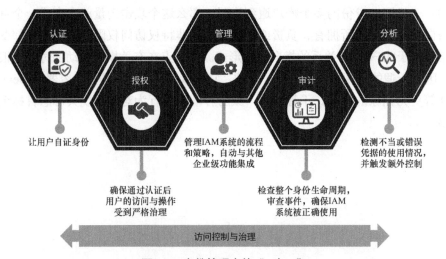

图 3-1　身份管理中的"5 个 A"

这个框架直接定义和划分了身份管理的一套通用规则，这套规则几乎适用于所有安全框架和各类企业安全场景。"5 个 A"指的是认证（Authentication）、授权（Authorization）、管理（Administration）、审计（Audit）和分析（Analytics）。一旦掌握了"5 个 A"，就可以在任何场景下为任何类型的组织或垂直行业进行身份管理的运行控制。

3.1　认证

认证（Authentication）与授权（Authorization）是两种完全不同的技术和实践，但是人们还是经常把它们搞混。在有些计算模型中，认证和授权常常混在一起，在实现或管理中也很难看出两者的区别。以苹果 iOS 为例，授权和认证都使用了生物识别技术，不论使用什么操作，最终用户的体验都差不多。事实上，认证是指用登录名（用户名）和某种形式的私密数据（过去一般指密码）为身份建立证明或信任。认证的本质就是验证你所声称的身份。

身份认证 = 登录名 + 共享密钥（密码）

登录时使用的共享密钥多种多样，比如 PIN 码、密码、密钥、双因子认证等，登录名本身一般不是秘密，因为它很容易被猜到。有些登录名比较简单，比如登录时，可以使用 jtitor 这个缩略名作为 John Titor 的缩写。不过，登录名也可以复杂一些，比如员工编号，使用这种复杂的登录名能更好地隐藏用户的身份。对于安全性要求比较高的系统，使用第二种方法会更好，特别是系统管理员或根账户。不建议在账户名或用户名中体现出账户权限，虽然这种模糊处理也无法确保安全，但至少有助于增强安全性。

简单来说，认证无非就是证明你的身份或者你对给定账户的所有权，它不提供许可、特权或访问，只是确认你是你所声称的那个人。

3.2　授权

认证完成后，下一步就该做授权了。只有通过了认证，你才被允许在系统中执行某个功能、被分配权限，或者以特定角色执行某些任务。登录应用程序或操作系统时，即使没有登录名和/或密码，系统仍会把你当作"访客"，并为你匹配访客有关的权限。也就是说，登录用户名和密码与是否授权其实并没有那么相关，当以访客身份登录时，虽然没有自己的用户名和密码，但仍然会通过系统认证，并获得某些授权，只不过权限不多罢了。

$$授权 = 权限（你被允许做什么）+ 认证$$

因此，授权就是基于认证信息授予你执行某项功能的权利。也就是说，通过授权，你的身份及其关联账户可以获得某些功能的使用权限，同时那些未被授权的功能则无法执行。这些权限可以在应用程序、操作系统或基础设施的某个部分中进行分配，也可以在身份或权限管理系统中进行分配。更推荐使用身份或权限管理系统进行规模化管理。

当需要把类似权限组合在一起时，就该创建角色了。当把一个角色分配给一组账户时，授权就通过这个角色为这组账户授予了执行某些功能的权限。

例如，苹果 iPhone 等这类运行 iOS 系统的移动设备使用面部识别或指纹触摸技术来做认证和授权。这些技术可以用来帮你登录到设备（认证），也可以用来确保安全支付或购物安全（特定授权），这里认证和授权采用了相同的机制。

在今天对安全性要求较高的网络环境中进行认证与授权时，如果使用相同的机制或技术，则会在流程的完整性、控制与监督等方面产生重大问题，许多业内人士认为应该把它们分开。当一个模型出现"缺口"或"弱点"时，另一个模型也将暴露在危险之中。虽然苹果公司已经尽力提升其解决方案的安全等级，以最大限度地降低风险，但一般来说，大多数计算环境应避免使用相同的技术进行身份认证和授权。认证和授权是两回事，通过了认证并不意味着获得了授权。这些权限和许可最终应该由一个单独的进程和安全栈中的单独层来确定。在现代"最先进"的计算环境中，在某个受控应用程序中，当单点登录（Single Sign-On，SSO）解决方案不明确区分初始认证和自动授权时，我们经常会看到认证与授权不分离的问题。多因子认证（Multi-Factor Authentication，MFA）解决方案会对授权活动做二次验证，有助于减轻风险。

3.3 管理

大家上网搜索一下就会发现，"管理"（Administration）这个词有 100 多种不同的定义。在本书中，我们会具体地讨论有关认证、授权和审计控制的管理。在这里，管理包括针对认证、授权和审计的变化进行配置管理及治理控制。第 6 章会讲解如何为访问系统提供一套集中化和规范化的管理功能，这也是身份治理的能力要求。

认证和授权机制本质上是分散式的、多样化的，并且永远处在变化之中。在见证了 IAM 领域 25 年的发展之后，大多数 IAM 领域"老兵"们一般都会好好地回顾一下，想一想这么多年来多少东西发生了变化，多少东西没有变化。我们会发现，大多数公司仍在努力对其负责保护的系统和数据进行全面的管理控制。因此，必须要把管理从不断变化的 AuthN（认证）和 AuthZ（授权）技术组合中分出来单独对待。你可能会说，管理这场游戏就是"做自己最擅长的"。不要只让认证或授权来管理它。通过专业化和专注化，你可能会得到真正的管理覆盖范围。

IAM 管理是身份治理的重要组成部分，再加上审计和分析（见 3.4 节和 3.5 节），我们就大概掌握了大多数企业级身份治理解决方案的覆盖范围。通过使用各种专门的异构管理方法，身份治理承担起对所有用户和数据访问进行整体管理、审计和分析的重任。借助身份治理流程（见第 7 章），可以为所有用户和访问进行可见性、控制、自动化、全生命周期管理（LCM）。

3.4　审计

审计流程是身份治理流程的一部分，有助于实现用户访问的可重复性和可持续性。无论是为了通过叠加特定控制能力以满足合规要求，还是为了实现稳定且可验证的基于系统的生命周期管理功能，审计都是身份管理系统的重要组成部分。

对一些人来说，IAM 审计是指提供一个用户访问验证程序。对另一些人来说，IAM 审计是指定义和实现预防与检测策略，比如职责分离（SoD）。不管怎么说，IAM 审计都应能够证明综合管理流程和策略已经到位并得到了遵守。

3.5　分析

第五个（也是最后一个）A 是指 IAM 系统运行情况的完整分析（Analytics）。分析是指通过持续收集和处理身份相关的配置、分配与使用数据，获得运营和安

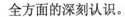

全方面的深刻认识。

高级身份分析技术可以使治理工作更有依据，更具预测性。利用机器学习（ML）和人工智能（AI）技术，身份分析工具可以提供重要的对等组分析信息，这些信息有助于扩展身份审核和管理功能，使其更加动态和敏捷。例如，如果分析引擎发现可疑的、不恰当的或不寻常的访问，它可以提醒管理员审查该访问，确保已实施了正确的配置。分析可以提供自动生成的见解和建议，使业务线能够做出更明智的访问决策，从而提高运营的安全性和操作的合规性。随着 ML 和 AI 的进步，我们现在可以发现和处理海量的运营数据，获得隐藏的信息和可操作的指导，这些都不是传统的基于规则的引擎所能实现的。

第 4 章

认识企业身份

法国哲学家 Rene Descartes 有句名言："Cogito, ergo sum。"译为"我思故我在"。这句话涉及对人生意义和人类灵魂的讨论，是哲学入门课要阐明的内容。不过从"我思故我在"这句话中，我们可以明确一点，那就是我们每个人都有一个身份。

除了关于生命意义和人类灵魂存在的哲学讨论，身份一般指人类及其数字化存在一对一的关系。不过，就数字化存在形式来说，每个人可以有多个账户、多个凭据，以及无限多个电子形式的权限。例如，想一想与你的企业身份相关的账户。这些账户名可能由你名字的首字母和姓氏组成，或者使用某种形式的字母和数字进行模糊处理。这些账户名也可能是一个随机别名，比如 JTitor，除非这个别名与你的真实身份有对应关系，否则它对其他人来说就没有逻辑意义。在身份访问与管理实践中，最好的做法是把这样的标识与你的身份永久对应起来。

不过，在某些环境下，我们没能把身份与实体人类对应起来。一个身份可以代表一个指定资源、一个资产，甚至一个自动机器人流程。这个延伸定义允许一个完整的计算机化系统本身具有生命特征，因此即使它们没有"思想"，也可以被赋予一个身份。

虽然这个延伸定义（还）不常见，而且对基于云的身份模型（比如 AWS 环境中的模型）有着不同的定义，但它确实代表了这项技术的一个有趣的发展方向，同时也代表着我们把创作物拟人化了。这种高级形式的身份不应该与服务账户中使用的账户、凭据或某些子系统中的共享管理员相混淆。为了更好地解释这一点，请把这种高级形式的身份想象成一个机器人或仿人机器人。如果你的公司已经投资了邮件机器人，或者大量应用了办公自动化技术，这些流程看起来可能像人，也可能不像人，甚至可能看起来像《星球大战》中恐怖版的 R2D2。这些资产有自动化的任务，并拥有某种独特形式的标识。因此，R2D2 或 C3PO 虽然不像人那样有血有肉，但也有有效的身份。它们用于执行其功能的账户和凭据应与其身份相联系。在无有效凭据的情况下，R2D2 是如何通过"死星"计算机认证并找到莱娅公主的？莱娅公主的位置是权限信息，也许 R2D2 设法盗用了一个账户查询到这个信息。从这个意义上来说，它们都是身份攻击向量的一部分。

今天，现实世界中对身份的讨论都是对你我（实体人类）的讨论，未来我们不能忽视分配给机器（或资源）的身份，它们也是一种潜在的攻击向量。本书中，"身份"可以是一个人（始终是一对一的关系），也可以是一种技术实现，这有可能是一对多的关系。"我思故我在"是一个身份，一台机器（比如邮件机器人）即便一栋楼内有几十台，也应该只有一个身份。但在实践中并非如此。最安全的做法是，各台机器彼此之间不共享身份，即使它们的账户和凭据是共享的。共享凭据是安全禁忌，但有时出于技术本身的限制，在进行某种技术实现时，可能还是需要共享凭据。因此，机器身份的实现也可能存在这种一对多的关系。

此时，不仅与身份关联的资产、人、机器以及权限是攻击向量，而且身份本身也演变成了一种攻击向量。

4.1 人与人格

当我们考虑失陷指标（Indicator of Compromise，IoC）时，我们总是想把异常情况映射至具体的账户、凭据和身份。这样我们才能把精力集中到问题的根源上，并据此建立有效的防御措施和策略。

人格（persona）是身份的衍生物，指的是一个人拥有多种不同类型的身份。在医疗服务领域有一个很好的例子，医疗机构的临床医生（拥有与医生相关的账户和权限）同时也是这一机构的患者，这种情况很常见。每个类别的身份都有多个账户，但在账户或登录设施的任何部分，医生和患者这两类都没有关联在一起。其实，我们是故意把它们分开的。

在把身份作为攻击向量使用时，威胁行动者会选择一个目标人格，然后利用账户关系管理的弱点进行攻击。攻击可能针对负责特定业务的团队（比如会计、应付账款系统），攻击时可使用特定的恶意钓鱼邮件，如欺诈性电汇。攻击对象也可能是人力资源（HR）部门，攻击者通过恶意文件或虚假简历攻击系统漏洞。人格指的是一个独立于权限和资源的高层次逻辑分组，但分组层次要稍低于角色（role）。

人格可以看成是一种对身份相关工作的通用描述，它是一种可以被攻击的身份分组。它可以是任何人，可以是销售人员、公司高管，可以是组织内任何需要存在的群体。身份攻击通常针对的是特定活动中的特定群体，例如针对该群体中的某个人发动鱼叉式网络钓鱼攻击。这正是人格与身份的关系如此重要的原因。它们的用途广泛，既能使销售周期合理化，也能通过利用角色职责进行定向推广，帮助供应商和市场营销人员找到合适的买家。

因此，在 IAM 解决方案中，人格与角色就被直接划上了等号，以电子形式记录一组身份的职责。虽然人格和角色在技术上是不一样的，不过这种转换在构建身份治理模型成熟度时还是有所帮助。

4.1.1　物理人格

在把逻辑人格映射到物理世界时，就产生了物理人格。现实世界中，有时物理特征会与你的人格息息相关。比如，这些特征可以是我们穿的制服、用于授权身份的徽章的类型和颜色。物理身份冒用的情节在电影中常见。比如，演员穿上特定制服，混入某个场所，冒充某个人，以获得某种访问权限。如果你曾经对自己的安全环境进行过物理渗透测试，一定会知道冒用物理身份的确是一个潜在的攻击向量。仅凭一身保洁员的制服或者一套西装，可能就足以攻破物理防御，非法侵入受保护的环境。这也是一种基于身份的攻击向量，有时冒用物理身份足以欺骗毫无戒心的受害者。

4.1.2　电子人格

电子人格是物理人格的数字形式。在概念上，电子人格是角色的一个子集（见第 7 章），只在层次结构上有所不同。电子人格把身份的多对一关系转化成了数字形式，而角色是人格在功能层面上的高层分组。

例如，John 是一名雇员，在医院工作，他是一名实验室技术员（物理人格），有相应的工作服。John 的职务是医学实验室做血液检查的技术员，不过他的电子人格权限可能仅限于某个楼层、某些检查、某些数据。他的人格表明了他的工作，但角色把他和同事们一起享有的功能权限关联起来。在许多情况下，他的电子人格具备的权限只有他一个人享有，不会分配给其他人。共享权限应与角色关联。因此，他的电子人格显示的是实验室技术员（工作职务），而他的角色则描述了其与同事共同的工作职能。

这就暴露了一个身份攻击向量的风险。来自一个拥有某项权限的电子人格的威胁不同于来自一群具有相似权限的人格的威胁。数据库和服务器都很容易成为资产攻击向量（脆弱性和漏洞利用）。如果数据库管理员只有一个人，那么其电子人格是唯一容易受到权限攻击的对象。如果数据库管理员有一大群人，那么他们都会容易受到攻击。相对于个人而言，对群体权限（认证）进行权限分析要容易得多。不过，把大量权利分配给很多人违背了最小权限原则，会给系统带来过高的风险。

组织机构可以选择使用工作职务或业务角色来构建基础，但要记住，分配给业务角色和人格的权限是不均等的。也就是说，并不是每一个拥有"工程师"头衔的人都该得到同样的权限，即便他们的电子人格也是"工程师"。例如，所有工程师可能有相同的笔记本电脑映像和安装的工具，但根据他们所在的部门和承担的职责，他们的账户和权限并不相同。

为了帮助大家更好地了解电子人格和物理人格的不同，在表 4-1 中，我们以犯罪为例对它们进行了比较。这个表格解释了物理犯罪如何转化成电子犯罪，以及为什么需要采取措施来预防这些犯罪。

表 4-1　物理犯罪与电子犯罪的比较

物理人格犯罪	电子人格犯罪
入室盗窃——采用物理手段破门而入，盗窃有形物品	黑客入侵——利用未经授权的访问窃取或更改信息的电子入侵
欺骗、钓鱼（语音或 VoIP 网络钓鱼）或恶作剧电话——使用电话直接针对终端用户或银行等机构进行的声音犯罪	网络钓鱼或短信钓鱼——利用电子邮件或短信对终端用户进行欺骗，使其暴露凭据、密码或其他敏感信息的电子犯罪
敲诈勒索——非法利用暴力和地位获取资金、财物或其他有价值的实物	数据勒索——黑客入侵获取敏感信息，并威胁用户将其公开，从而逼迫用户支付赎金，通常要求用比特币支付。这类型攻击通常包括勒索软件

物理人格犯罪	电子人格犯罪
欺诈——为获取经济或其他货币收益而对目标组织或人员进行欺骗的不诚实行为	基于网络的欺诈——利用网站等互联网通信媒介，骗取个人敏感信息或凭据，以获得访问权限。这类攻击通常与网络钓鱼和其他在线聊天攻击密切有关
身份盗用——冒充另一个人的身份，以获得访问权限或欺骗个人或组织	身份盗用——利用账号盗用窃取用户身份以冒充用户，盗取信息或骗取钱财的电子盗窃行为
儿童剥削——出于不当动机对未成年人进行刑事伤害	儿童剥削——以电子方式传播有关未成年受害者的图像和信息

在这种情况下，我们可以使用 IAM 解决方案来保护数字世界的安全。企业级 IAM 解决方案有助于管理身份、账户和权限之间的关系，并帮助建模、管理逻辑人格和人员分类。

4.2 账户

账户（Account）是身份的电子表示，与身份可以是一对多的关系。也就是说，一个身份可以对应多个账户。这些账户拥有一些许可和权限，使得应用程序或资产可以在资源范围内进行连接或操作。对身份来说，账户的定义是明确的，不过其电子形式多样，适用于服务、模仿或企业应用集成。

账户与身份之间可能有很复杂的关系，可以在本地定义、分组、在组中嵌套，或者通过目录服务等身份基础设施进行管理。账户可以直接或通过用户组、目录条目获得基于角色的访问。这些角色可以实现大量功能，比如禁止访问，提供 root、本地管理员或域管理等特权功能。权限和基于角色的访问等级取决于实现这些权限的系统的安全模型，不同的实现方式可能会有很大差异。

把账户与身份关联起来有助于我们获取信息技术资源的访问权限。从技术上看，任何账户都是授权使用和控制操作参数的媒介。对某个特定账户过度分配权限会违背最小权限原则，这大大增加网络风险和权限攻击向量的可能性。

4.3 凭据

凭据（Credential）是指拥有相关口令、密码、证书或其他类型密钥的账户。

凭据可以应用不止一种的安全机制，称为双因子认证或多因子认证。凭据可以共享和匿名使用。在匿名账户的情况下，凭据密码为空。这一点与访客账户不同。

凭据代表了用于认证的账户和密码的组合，它就像皇冠上的一颗宝石，威胁行动者要想提权就必须拿到这颗宝石。

当一个人"黑"了一个账户，意味着他已经控制了与该账户相关的凭据。从字面上理解，黑掉一个账户只会得到一个用户名。要成功窃取凭据并破坏凭据所保护的内容，需要取得用户名和密码。

为简单起见，在本书后文中，"黑掉一个账户"则意味着"控制账户关联的凭据"。如果不解析日常用于描述威胁的语义环境，管理权限本身就不是易事。然而，安全专家和媒体可能永远不会改变"100 万个账户信息被泄露"的说法，而事实上，是有 100 万个凭据被泄露了。你看出不同了吗？账户泄露是因为凭据因某种形式的漏洞或攻击被泄露了。

4.4　实现

如今在技术领域中，我们经常听到"数字化转型""零信任""身份治理""适时访问"等网红词汇。在商业世界中，数字身份已经成为在大多数企业中工作的必备先决条件。无论是走进办公大楼刷工牌，还是在建筑工地打卡，所有的事情都需要有身份、访问与权限。

我们的电子身份无处不在，我们的物理人格依然扎根于我们是谁和我们在做什么，我们的逻辑人格的生命则要短暂得多。身份攻击向量攻击的就是我们的物理人格和逻辑人格。每个身份的核心都是权限。如果你盗用了某个身份，也就拥有了相应权限。如果你能把普通权限提权到 root 或管理员权限，也就拥有了一项资产。当你有了这项资产，就可以操纵数据和软件进行不法活动。因此，我们又回到了安全的三大支柱上，我们所做的一切必须确保身份安全与权限分离。

在美国，最简单的现实例子就是身份与社会保障号码（SSN）之间的一对一关系。社会保障号码是个人识别信息（PII），如果将其与个人姓名相联系，就能盗用一个人的身份。如果威胁行动者获取了受害者的 SSN 和其他一些相关信息，比如住址和出生日期，那么他们就可以用受害人的身份开通信用卡，篡改受害人的抵押贷款或财产所有权等。因此，保管好 SSN，确保其安全、可靠和保密，对保护我们的身份至关重要。

对于身份的保护，并非所有国家/地区都遵循同样的保密模式。在有些国家/地区，类似于 SSN 的号码不是私密的，而是公开的，这样所有人都可以通过其独特的名称被记录、跟踪或识别。在这些国家/地区，只获取一个人的身份号码和姓名无法发起身份盗用攻击。相比之下，由于美国的银行、政府和社保系统存在一些漏洞，使得这些信息与受害者的电子邮件地址等基本信息混合在一起，攻击者拿到这些信息后就足以展开攻击了。

于是我们得出一个有趣的结论，即在实现一个基于身份的系统（如社会保障号码）时，系统不应存在单点故障。所有基于身份的系统都应该能够抵御这种类型的攻击。在后文中我们将继续探讨相关内容，并就如何在企业内部实施提供一些指导。

4.5 用户

根据前面的定义，身份一般与用户（人）是一对一的关系。用户可以有多个账户、凭据，甚至人格，但只能有一个身份。

如果威胁行动者介入了这个一对一的关系中，那么我们很可能会遭到攻击。因此，最有效的策略是把用户（非人格）一对一的关系保护起来，消除单点故障，就像 SSN 的例子那样。身份的表现形式应当是一个没有价值或价值不高的代号，不应当与任何其他形式的标识直接挂钩。为了成功实现这种关系，请考虑以下几点。

- 一个人的身份标识符绝不可用于授权或认证。

- 身份标识符仅供参考，可以是字母和数字、符号、电子或生物识别信息（有关生物识别的风险见第 19 章）。

- 即使是公开标识符，存储时也要注意保护。它们仍然是个人识别信息（PII），因为它们可以被连接到一个人身上。

- 这些在企业中一般采用员工身份识别码的概念来实现。

某个账户被入侵都会造成麻烦，而一个核心标识符数据库甚至可以暴露整个安全系统信息，因此必须予以保护。大多数现代漏洞往往会以最简单的形式暴露这些信息，比如电子邮件地址。

在今天的大多数组织中，除了 HR 记录，身份（用户）资源最常见的实现是以安全标识符（SID）的形式存在于账户目录服务中。在微软 Windows 操作系统中，SID 是账户引用、用户组和凭据的唯一且不可更改的标识符。它和公司的员工编号不一样，不过确实可以通过账户找到对应身份。

一个账户在其生命期内（至少在一个指定的 Active Directory 域中）应该有一个单一的、不可改变的 SID，并且身份的所有属性（如名称、账户、属性等）都与SID 相关联。即使是 JIT 访问，SID 应只在执行授权任务时"上线"。这种设计允许对当事人/账户进行重命名（例如，从 John Titor 变为 Morey Haber），同时不影响账户和引用该身份的对象的安全属性。如果没有其他一些外在因素，单凭 SID还不足以破坏关系的完整性。这有助于满足前文中提及的要求，但遗憾的是，当与有效的密码或哈希配对时，可以使用 SID 进行身份认证。

需要注意的是，并非所有的技术方案都使用身份这个概念来实现其功能或服务。例如，一个物联网摄像头可能只有一个账户，作为设备的管理员进行操作。用户和摄像头之间的关系略去了身份和人格的概念，直接从用户映射到了摄像头的管理员账户。不是每个人都应该成为摄像头的管理员。此外，其他员工也可能知道这些凭据，导致不管使用什么技术实现都是一对多的关系。除非摄像头采用了基于角色的访问（RBAC）技术，使其能够连接到多个账户，并拥有细粒度的特权，否则它没有身份的概念。

这就把身份的概念上升到了最高层次，即人。与员工编号、账户和 SID 的映射都只是他们的身份作为电子人格的一部分。

4.6　应用程序

坦白说，应用程序拥有唯一身份这个概念在信息技术界是有争议的。一个工资管理系统、网络应用程序，甚至一个工程数据库都不应该有一个身份。应用程序会有各种账户，而这些账户又会有所有者，以便正确操作应用程序，但应用程序本身很可能是没有身份的。

然而，这就有可能出现一个灰色地带。那么机器人怎么算呢？它是一个基于软件的应用程序，用来模仿一个人，并拥有一个人格。它还会得到人工智能（AI）的支持，提供自动回复，并且有可能与一个真实身份（所有者）相关联。它是否应该有自己的身份？这个问题尚没有一个简单且得到普遍认同的答案，但在我们看来，它应该有一个身份，因为它是在模仿人类的特征，应该归为另一种电子人格。图 4-1 通过互联网上常见的一个与人进行互动的机器人来解释这类情况。你看，回复你的是一个人还是一个应用程序？

图 4-1 自动聊天机器人

如果这类应用程序有身份，那么它的实现应该遵循以下原则：

- 当软件能模拟人的行为或能主动与人进行交互操作时，应分配应用程序身份；

- 所有应用程序身份都应该分配一个人类所有者，因为虽然它们不是真正有意识的人，但需要通过一个可控的生命周期进行管理。

应用程序身份应遵循与人类身份相同的所有标准，同时注意下述内容。

- 应用程序人格应该被严格限制在仅能执行的任务上。举例来说，机器人没有理由和人类访问一样的系统，比如本地登录权利，或者进入停车场。它们的权限必须按照既定身份治理生命周期策略单独分配。

- 应用程序日志必须受到严格监控，防止其在指定任务之外使用权限访问。这种活动是一种失陷指标，例如 2018 年上半年某大型航空公司的信用卡信息泄露事件。

- 应用程序与其身份在尽可能低的层次上应是一对一的关系。例如，聊天对话中使用的每个虚构机器人可能没有唯一的身份，其名称和图片对最终用户来说是随机的。它看起来是独立的人。机器人的实例拥有代替每个聊天实例的身份。若可能，每个聊天实例都应该有一个身份，因为它独立地进行操作并模拟一个人。不过，根据实施情况，这在技术上可能不可行。例如，它可能无法动态扩展应用程序的数量。我们只需考虑在尽可能低的层次上分配一个身份。在有需要的情况下，这将有助于数字取证调查。

为应用程序分配身份其实是一个业务和技术的双重决策。最佳的做法是，思考一下需要一个身份的原因，以及什么时候需要。比如说，如果它模仿人类或模仿天网（向《终结者》致敬），那么它就需要一个自己的身份，并且尽量保持一对一的关系。为查找失陷指标而做数字取证或用法分析时都得依靠这种唯一性。而且对于这样一种身份，最好确保它的某个属性是一个可以映射到人类身份的所有者。我们将在下文中讲解更多细节。

4.7 机器

一个现代化办公室里，可能有收发快递的机器人，也可能会有煮咖啡的物联网设备。机器是硬件和软件的结合体，可能需要一个身份来管理其操作、所有权和自主性。确定一个身份是否应该被分配给一台机器，比为一个应用程序确定一个身份要复杂得多。在聊天机器人的例子中我们提到了这一点，它们在真实世界中的交互使得基于机器的身份决策变得更加棘手。

我们来说说智能咖啡机。"智能"是指咖啡机是联网的，即它是一台物联网设备。智能咖啡机是否应该有一个身份？这取决于咖啡机。联网的咖啡机不仅可以冲泡咖啡，还会通知你是否需要添加咖啡粉或是否需要清除废渣，或者是否有其他需求。此时，它的行为很像一个机器人，因此应该有一个身份。反过来说，如果咖啡机只是设置定时和发送警报，那么即便它是一台物联网设备，它还需要一个身份吗？可能不需要。不过，如果咖啡机可能受到攻击，其操作系统会被黑客通过资产攻击向量攻击，或者其管理员账户被黑客通过权限攻击向量获得，那么给咖啡机一个身份就有风险。是否给它一个人格化身份变成了一种业务选择。即使设备在网络上进行身份认证来执行任务，也没有现成规则规定它是否应该有一个身份。

下面我们看一个更详细的例子。我们来探讨一下快递收发机器人。快递机器人逐楼层地为收件人投递文件和包裹。在实际使用中，它是一个自主机器人，其所有权归属于一个团队，并且有一个身份。这个邮件机器人的行为就像一个人，有一系列非常具体的任务：获取和投递，就像一份暑期兼职工作。

在这个场景中，快递机器人是公司的一项资产，可能存在物理和软件上的漏洞，同时拥有完成工作所需的权限。这些权限包括进入收发室、使用专门电梯往返于不同楼层之间。不过，由于各种原因，它没有权限使用工作人员专用的电梯和走廊。听起来可行吧？我们已经确定了这项资产确实有一个基于这些特征的身份。它的身份攻击向量会是什么？

- 把快递误发到威胁行动者手中。

- 因动作不当造成的物理伤害。

- 被威胁行动者非法接入摄像头并获取监控记录。

- 把非法、不当或偷来的物品运入、运出或穿越办公区。

这些可能是毁灭性的攻击。这就是快递机器人需要一个身份的原因。快递机器人可以被威胁行动者（内部或外部威胁）控制，以一些我们想不到的方式被利用。被控制的快递机器人可能会破坏环境在物理上或电子上的完整性，并有可能会给拥有同样人格的人类带来危害。

从这个例子中我们得出一个有趣的结论，即当机器可以模仿一个人格（物理人格或电子人格）时，我们就应该为其指派一个身份。这些都可以在风险分析评估中进行量化，而不仅仅是一个威胁或数据泄露。当风险仅限于电子的，并且攻击向量与其他网络设备类似时，我们就不必为机器指派身份。是否分配身份是一个灰色地带，但智能咖啡机本质上还是一个咖啡机。我们不应该因过度分配身份而把问题复杂化，但如果机器模仿的是人类的行为，那么它应该有一个身份。《星球大战》中的 R2D2 肯定是该有身份，它有所有者，而且在现实世界中确实有实际交互。

4.8　所有关系

每个身份都需要有一个所有者。如果你是一个人类，那么你就是自己的所有者。尽管这听起来很傻，然而当一个身份被分配给一个应用程序或机器时，它就会多出一个或多个所有者的附加属性。在概念上，这与为人类身份指定一个主管或经理是一样的。但是，对于非人类的存在，还有下面这些其他特征需要考虑。

- 机器或应用程序身份的所有者对其运行时（runtime）负责。所有者不一定

负责资源的生命周期、维护和行为。这就像给可能调皮的未成年人当父母
或监护人。

● 所有关系可以是一对多的关系，而不一定需要明确指派给某一个人。所
有关系可以分配给某个团队、部门，甚至组织外的其他实体。

● 所有者对其身份及相关技术实现有明确的控制权，包括这个身份从产生
到消失的一切操作和用法。

● 所有者应该负责。在企业职责和审计领域中，分配所有权和职责是定义、
维护控制和监督的关键。

4.9　自动化

基于身份有关的操作可以自主进行，也可以在严格的控制和监督下进行。这
包括从自主创建到最终回收的方方面面。无论是使用 IAM 还是 IGA 解决方案来管
理身份，自动化是关键。

自动化依赖于建立的已知职责。了解一些自动化应该做什么，是让它有能力
自己去做的前提。把"人格"概念扩展成"角色"概念，可以解决身份管理自动
化中的许多问题。角色是一种把人员和权限进行分组的手段，分组后，依据常见
技术或业务功能简化权限分配。一个身份可以放入一个角色（相关内容将在后面
讲解）中，并根据这样的角色分组自动分配权限。借助角色，我们可以使用自动
化软件为人类身份分配账户、用户、权限、特权和资产。如果需要为机器或应用
程序授权，那么适当的权利和所有权分配也可以自动进行。一旦确立身份，我们
就可以持续地预测并控制其所有权限的自动化。

如果必须手工分配，而且还要根据初始状态来决定哪些人和哪些机器应该有
一个身份，那么你的实现就会有不一致的地方。自动化可以持续简化分类，并帮
助在物理和逻辑环境中实施最佳实践。

4.10　账户类型

身份可以与企业中的各种账户进行匹配。账户有许多不同类型，并使用各种

各样的技术（本书暂不讨论具体技术）来管理凭据、控制权限和治理访问。

如果攻击者获取了一个账户，就可以掌握这个账户对应的身份和权限。例如，一个账户拥有管理员访问权限或其他一些高级应用特权，攻击者获取这个账户后，就可以很容易地利用这个账户的身份攻陷其他相关账户和服务。这通常称为基于账户的横向移动，即威胁行动者利用已掌握的特权账户获取其他关联账户。

为了降低受攻击的可能性与影响，缓解特权滥用或特权提升攻击造成的影响，我们要严格限制特权分配，尽量向每类账户分配最低权限。这个概念称为最小权限（least privilege），应尽可能应用到所有账户类型上，防止攻击者把账户级别的攻击升级到身份本身。图 4-2 所示为存在于大多数企业中的账户和身份间的复杂关系。

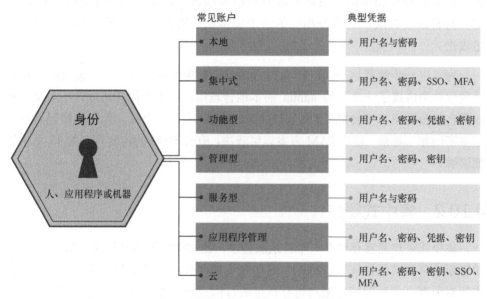

图 4-2　常见身份、账户和凭据的关系

下面将介绍最常见的账户类型、它们一般是如何实现的，以及它们是如何被用来攻击身份的。

4.10.1　本地账户

本地账户即资源或资产在本地的账户。在身份管理解决方案中，本地账户有可能会被集中管理或引用。拥有相同凭据的重复账户经常存在于类似的资产中，我们应该确认这些账户，进行分类、管理，来治理其访问。如果确实存在重复的本地账户，并且它们使用相同的密码，则这个系统很容易受到权限攻击向量和横向移动的攻击。因此，本地账户最好保持用户名的唯一性，而且凭据也不能相同。当然，如果用户名可以改变且不能重复，则会因为需要管理的账户数量太多而造成管理上的困难。本书中提到的各种身份解决方案，如 IGA、特权访问管理（PAM，Privileged Access Management），可以很容易地解决这样的问题。

当重复的本地账户拥有高级访问权限时，那么凭据泄露可能会导致资产的完全泄露。如果有其他资源共享这些账户和凭据，那就极可能会发生特权的横向移动，进而出现我们前面提到过的从账户到身份的升级攻击。一旦某个身份失陷，与该身份相关的所有账户就有可能被泄露。因此，创建本地账户时，应使其持有最小权限，与身份相关的每个实例都应有唯一的凭据，以防止出现上述攻击。

为了进一步解释这个问题，我们回到智能咖啡机这个例子上，假设咖啡机的管理软件中内置了一个名为 admin 的本地管理账户。更改用户名或许不可能，但如果你的公司里有多台咖啡机，则每台咖啡机都应有一个独一无二的密码。管理这些密码并非难事，使用 PAM 方案即可解决。有关 PAM 的内容将在第 13 章中详细讲解。

4.10.2　集中式账户

集中式账户通常存储在一个目录服务中，比如微软的活动目录（AD）或通用的轻量级目录访问协议（LDAP），这些账户通常也叫目录账户。集中式账户可以实现对所有必须针对特定账户进行认证的订阅资源做单点管理。目录账户也可以基于特定账户或组账户的策略（授权）来使用权限。

集中式账户允许用户登录到整个企业的各种资源，并提供对资产和数据的访问，以便执行授权任务。这为用户提供了一个多用途的单一账户，消除了在每个资源中使用本地账户的需求。这里面的风险显而易见，威胁行动者获取到集中式账户后，可以继续渗透，滥用与该账户相关的所有资源。如果用户是拥有基本权限的标准用户，那么影响将是可控的，因为横向移动只限于一个账户和一个用户。但是，如果被入侵的账户是一个目录服务管理员，或者是一个目录域管理员（这个情况会更糟糕），那么不仅该用户有风险，而且存储在该目录基础设施中的其他所有账户都有风险。请记住，集中式账户可以通过抽象来模糊化账户名称，但通常一个身份账户只会和一个集中式账户关联，很少存在一个身份与其多个账户之间的一对多关系。这是身份治理系统的职责，它执行分层和链接，有助于了解对一个账户的威胁是如何影响到其他不相关的账户和权限的。

不管对于什么形式的管理账户，集中式账户管理都是非常重要的。作为网络安全的经验法则，如果域管理员账户被入侵，包括托管集中式账户管理的域服务器，系统就会崩溃。这种情况下，则需要从头开始重新加载整个环境。因此，环境必须严格保护拥有高级别权限的域管理员账户，而且尽可能地使用基于多因子、双因子的强认证或二次认证技术。对于任何需要域管理权限的身份，其域管理账户都应该是唯一的。通过部署身份和访问管理解决方案，可以对这些实践进行管理并获得其可见性。

4.10.3　功能型账户

功能型账户是用来执行自动化账户管理功能的账户。这些账户可以是本地的，也可以是集中式的，一般具有较高的访问权限，而且通常是跨多个资源和资产的域管理员账户或具有 root 特权的账户。出于控制和审计的需要，功能型账户应始终归一个身份所有，它们应该只是用于自动化，决不能用在日常任务中。决不能！

一个好的功能型账户架构要限制每个实例的范围，而且使用多个功能型账户管理区域、资源、资产和应用程序，而非使用少数几个在整个环境中拥有域级权限的账户。这也符合最小权限的基本概念。这些账户一般也不属于任何 JIT 管理流程或特权访问管理解决方案的范围，因为它们必须一直在线。如果一个功能型账户遭泄露，该账户控制下的每一个账户（管理账户）都岌岌可危。因此，在咖啡机的例子中，我们会使用一个功能型账户管理每一台智能咖啡机的所有账户。这个功能型账户会受到身份治理方案的严格控制，其密码会在 PAM 方案中进行管理。

4.10.4　管理型账户

管理型账户（也就是通常所说的代理账户）与功能型账户相关，即管理型账户的凭据及其创建和回收都由功能型账户管理。管理型账户可以与身份相关联，也可以是纯粹的电子账户，取决于具体使用情况。不过有一个基本前提，即该账户不是由身份直接管理的，而是通过另一种账户进行管理。这种区分有助于保护身份，避免出现重复凭据、陈旧或弱密码以及其他可能导致身份泄露的认证问题。这其中还包括应该停用或删除的前雇员和承包商的账户。

把账户置于管理之下是为了避免人为因素可能带来的风险，同时通过自动化、控制和适当治理，提供一个安全增强的工具。

4.10.5　服务型账户

服务型账户是一类特殊的本地账户或集中式账户，其创建目的是在操作系统及其支持的基础设施的管理背景下提供相关操作权限。所分配的权限决定了服务型账户在运行期间访问本地和网络资源的能力。

服务型账户之所以是一种特殊类型的账户，是因为它们不具有与登录至系统的人相同的特征。它们不应该有交互式用户界面的权限，也不应该有作为普通账户或用户进行操作的能力。根据操作系统和基础设施，这可能包括从限制执行批处理到不为账户分配适当 shell 的一切内容。服务型账户也不应该委托给任何形式的 JIT 开通模型。

服务型账户一定要认真管理、控制和审计，大多数情况下，它们都可以关联到一个所有者身份上。服务型账户凭据可以是本地的，也可以是集中式的，这取决于对它们的管理方式，但不论哪种情况，都可能导致威胁行动者拥有与之相关的流程、应用程序和身份。

与身份相关联的服务型账户一般还与机器和其他具有人类特征的应用程序相关联。

4.10.6　应用程序管理账户

应用程序管理账户不应该与服务型账户相混淆。服务型账户提供应用程序执行所需的运行时凭据，而应用程序管理账户则提供用于应用程序间互操作的凭据。应用程序管理账户可以看作只在应用层执行的服务型账户。这些账户在业界一般称为从应用程序到应用程序账户（A2A），无论是集成代码还是操作控制脚本，再到 Chef、Puppet 等敏捷 DevOps 流程，这些账户随处可见。此外，建议身份也不应该与这些应用程序账户直接关联。即使通过应用程序管理账户来控制一个基本的用户功能，也没有一个好的用例来对此进行阐释。这并没有降低它们的重要性。同其他账户一样，它们也应该始终有一个所有者和一个可控的生命周期与运行时。应用程序管理账户在现代生态系统中随处可见，它应该和其他账户一样，受到同样的控制和监督。

根据定义，如果两个应用程序需要共享信息或交互，它们都需要知道认证应用程序账户所需的秘密信息。从 DevOps 自动化到机器人流程自动化（Robotic Process Automation，RPA），处处都可以看到这种访问共享。因此，必须对应用程序账户进行管理，使共享凭据的任何变化在认证之前在应用程序本身之间保持同步。这一般是通过 IGA 和 PAM 方案中链接凭据来实现的。这样就可以把它们放在一起管理，共享同一个账户。当然，这个账户可以是本地的，也可以是集中式的，这取决于应用程序是如何实现的。

如果威胁行动者入侵了应用程序管理账户，他们会模拟应用程序之间的运行时通信，监控相关活动。这可以通过使用中间人攻击欺骗认证过程来实现。过去几年一些著名的银行欺诈违规事件中都体现了这一点。

4.10.7　云账户

从技术意义上来说，没有公认的定义和术语来解释云账户。每个云提供商（软件即服务（SaaS）厂商、平台即服务（PaaS）厂商和基础设施即服务（IaaS）厂商）都使用不同的定义来阐释其在云端解决方案和管理中的业务与技术要求。不夸张地说，如果你问十几位安全专家，他们每个人都会给你不同的答案。因此，严格来说，云账户是一个工具，用来描述云端由组织控制的任何账户。这些账户可能有，也可能没有分配身份；可能有，也可能没有功能型、应用程序型或管理型账户的特征。

强调这类账户的意义在于，你并不拥有所运行的环境，它是一种共享的云资源。云账户可以为其分配权限，它们可能支持，也可能不支持本书介绍的身份原则。

某个特定的云账户可能是管理员、root 或某种基于角色进行访问控制的高级特权。虽然云所有者是基础设施的实际管理者，可以控制从核心应用程序、管理程序到网络的一切，但订阅云资源的用户控制下的账户仍然可以拥有很大的权力和特权。这意味着，你可能会遭受两种方式的攻击（这与预置型解决方案不同）：首先是来自前端，即你所有基于云账户的访问；其次是来自后端，即云提供商拥有的一切，包括它们用于支持和管理服务的账户。后一种是需要对云端账户进行特

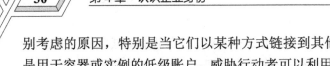

别考虑的原因，特别是当它们以某种方式链接到其他身份时。而且，如果该账户是用于容器或实例的低级账户，威胁行动者可以利用该攻击向量从链条底层开始，一路向上，最终获取一个管理多个实例的身份。

例如，有一个基于云的解决方案，存储着用于物理访问、交易、执法或背景调查的生物识别信息。与生物识别技术相关的身份需要特别考虑，因为指纹等信息是无法发生变更的（这与密码不同）。如果这些数据从云端被窃取，无论威胁行动者使用哪种攻击向量，都可能完全不在我们的控制范围内，从而无法进行管理。若窃取成功，威胁行动者就有了一个永远无法改变的方法来验证你的身份。因此保护云账户安全至关重要。不论管理功能是否落实到位，云账户都是威胁行动者唾手可得的战果。

使用云服务的组织必须意识到这些风险，并对这些信息的账户进行特别对待。如果管理身份、账户、密码、密钥或漏洞的程序和策略有半点松懈，危险就会随之而来。

对于你信任的任何一个云服务，在订阅之前，一定要询问该云服务的安全性。不仅要确认与你直接相关的访问安全，还要问它们如何保障自己员工的访问安全。SOC II/III、SAS 70、SSAE 17 和 ISAE 3402 等认证有助于证明其完整性，并且会为提供商和你自己的云管理账户管理风险提供一些保证。

4.11　权限

权限（entitlement）是任何用来控制我们对某些东西的访问的技术实现。权限是一个类别名称，用于授予、解决、执行、回收、调整和管理细粒度的访问、特权、访问权利、许可或规则。一个权限可以独立于其最终分配的身份和相关账户。不论是运行在云端、本地，还是其他地方，权限的目的都是定义和执行信息技术访问策略，而且与资源、资产、设备、应用程序无关。权限的形态和规模多种多样，一般可以分为简单权限或复杂权限两类，相关内容在 4.11.1 节和 4.11.2 节进一步讲解。权限管理可以使用一系列不同技术实现，并按惯例设计成可跨平台、应用程序、网络和设备工作。

在第 7 章有关身份治理流程的内容中，作为控制和治理流程的一部分，我们定义了如何分类和管理各种类型的权限。

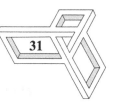

4.11.1　简单权限

本质上，简单权限是原子化的。它们可以保护无限复杂、多样的内容，但权限本身很容易定义、提供、审计和控制。实施简单权限的一个常见例子是目录组成员资格，它用来控制网络接收 IP 流量的权限。"基本网络访问"就是简单权限。简单权限的定义很简单。它很容易配置，我只需将它放在一个定义好的 AD 组中，然后就可以使用部署好的身份管理解决方案审计和控制它。这个网络上什么可以访问，什么不能访问，是一个很复杂的问题，在大多数情况下，需要用到更为复杂的权限。

4.11.2　复杂权限

顾名思义，复杂权限就是指比较复杂的权限。我们对它们进行有意义的区分，以突出其在定义、规定、审计或控制方面的复杂性。复杂权限的一个常见例子是 SAP R3 角色。就其本质而言，它是由其他权限（其他角色、Tcodes、AuthCodes 等每一个都有自己的权利）组成的，但它可以作为一个单一的访问单位进行分配，所以它本身是一个权限。

4.11.3　控制与治理

控制（在本书的语境中）是一种有着明确定义的管理监督功能，它能够跟踪某个指定的安全或审计策略的遵守情况。一个典型的例子是密码控制策略，它规定"所有密码的长度至少是 24 个字符"。DevOps 控制的一个典型例子是，要求"生产环境的所有登录都必须通过一个受控的堡垒机"。这两种情况下，控制都代表了一个过程（和支持技术），它定义了如何做才能更好地控制安全和促进监督。

治理（在本书的语境中）是跟踪和管理一系列控制措施的持续过程，例如许多策略都会有一个已知状态。本书很大一部分内容讲的都是关于身份与访问的控制和治理。

4.12　角色

本书中已多次提到过"角色"这个概念，并将其以各种方式和身份与访问管

理策略中的各种概念建立了重要联系。在最高层抽象上，我们可以把角色定义成
人的集合，或者是访问的集合。对角色进行定义和维护的目的是提高可管理性，
加强控制，提升治理。

　　企业角色定义有几种不同的方法，本书倡导使用基本的两层角色模型，如图 4-3
所示。

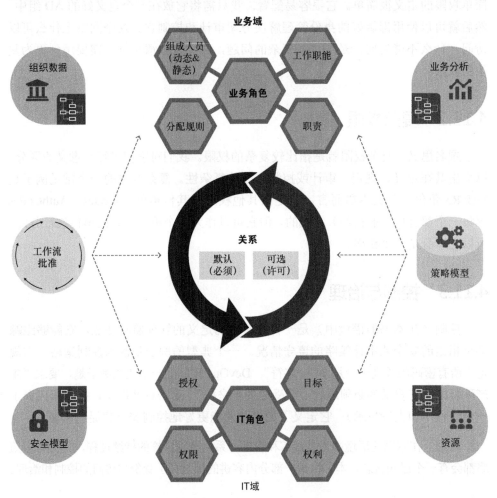

图 4-3　基本的两层企业角色模型由业务角色和 IT 角色组成，
该模型具有可管控的连接关系，支持最小权限原则

　　角色有时可以聚集相似身份，这些身份执行类似的功能，对技术资产进行相同级

别的访问。这些角色一般称为业务角色，4.12.1 节将详细介绍。角色有时也用于聚集执行一组已知行为的相关账户和权限。这些角色一般称为 IT 角色，4.12.2 节将详细讲解。

业务角色和 IT 角色连接在一起，形成用户分配关系。在身份治理的最佳实践中，只把 IT 角色与业务角色连接起来并使用业务角色与身份关系来完成与身份的连接。通过在业务角色和 IT 角色之间使用不同类型的"连接关系"，可以进一步落实最小权限原则。

4.12.1　业务角色

从某种意义上说，业务角色就是人员分组。最好的做法就是通过身份属性（关于身份的信息），把身份过滤至各个业务角色分组中。这样做是为了简化对权限分配周期的管理。利用组织信息，业务分析师可以定义一个业务角色来代表一个确定的个人群体（动态或静态）。按照惯例和产品实施规则，业务角色定义了业务所有者，并为元数据提供了一个存放的地方，这些元数据描述了谁、何时以及为什么定义这个业务分组。与大多数面向分组的实现一样，业务角色支持继承，以创建嵌套角色的层次树。分层业务角色为定义"泛化与特化"上下文（可扩展治理需要）提供了一种有用的方式。

业务角色和基本目录分组的区别源自其在生态系统中的位置。业务角色是一个只应用在身份管理层的管理抽象，而目录分组是目标应用程序采用的一种权限结构。业务角色一般是业务分析师所关注的问题，因此对那些直接拥有这些角色并管理其生命周期的业务用户而言，实现技术必须可用、实用。

4.12.2　IT 角色

IT 角色用于归纳拥有相似权限的分组。顾名思义，IT 角色应用在 IT 和信息安全领域中，用于定义和管理指定安全配置的细节。IT 角色的"配置文件"描述了如何设置账户、权限和许可，以满足特定业务的需要。与业务角色不同，IT 角色并不定义如何将人归纳在一起。运行时的身份属性（比如位置、年龄或认证类型）常用在 IT 角色的配置文件中，但只是为了进一步定义配置，而不是将 IT 角色分配给一组身份。

IT 角色还支持分层和嵌套，用以简化复杂安全配置的定义，在大型成熟的部署中，复杂的封装模型很常见。这里的目标是获取权限配置，以定义一个已知和

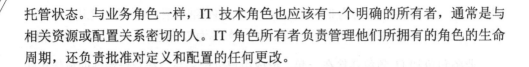

托管状态。与业务角色一样，IT 技术角色也应该有一个明确的所有者，通常是与相关资源或配置关系密切的人。IT 角色所有者负责管理他们所拥有的角色的生命周期，还负责批准对定义和配置的任何更改。

4.12.3　支持最小权限原则的角色关系

最小权限是指只赋予用户账户或执行指定功能所需的权限。管理身份、账户和权限的生命周期时，遵守最小权限原则会增强整个系统的稳定性和安全性，同时降低用户访问风险。谨慎管理业务角色和 IT 角色之间的关系有助于促进和强化最小权限这一目标。

如前所述，进行身份治理时，最好只把 IT 角色与业务角色连接起来并使用业务角色与身份关系完成与身份的连接。通过在业务角色和 IT 角色之间使用不同类型的"连接关系"，可以进一步落实最小权限原则。至少，企业级解决方案应该支持业务角色和 IT 角色之间的强制和可选关系。强制关系指的是，如果你处于某个特定的业务角色中，你就会自动获得分配给这个角色的一组 IT 角色权限。可选关系指的是，这些 IT 角色是允许关联的，但非默认。最小权限原则的最终目标是尽可能地少赋予权限。

在实现中，可选关系提供了隐性的"基于模型"的控制关系，这有助于指导其他流程。例如，在自助服务和委托服务开通场景中，可以使用预模式化的可选关系来"预先批准"用户的请求，从而改善用户体验，同时支持最小权限。

4.12.4　发现、管理和生命周期控制

第 7 章将详细介绍如何发现、管理企业角色和生命周期等内容。目前，我们只要知道企业角色定义是一个重要的管控工具，需要好好地保护和管理就可以了。

第 5 章

机 器 人

你有没有问过家里的智能设备，今天天气如何或者昨晚足球比赛的比分是多少？很多人都这样做过。当前，虚拟助手大量出现在千家万户，这反映了一个现实：软件和交互式自助服务自主消费应用程序已经成为我们的生活中错综复杂、相互交织的一部分。

这种在消费领域中出现的爆炸式增长也反映在企业产业领域。虚拟助手和其他自动软件机器人正接近其技术成熟度曲线的顶点。从客服聊天机器人到旅游预订助手，企业在大量使用机器人技术来加快内部流程，提升用户体验。

对任何一个专注于身份与访问管理控制的组织来说，机器人使用量的爆炸式增长既是一个潜在的安全挑战，也是一个建立新的控制和管理的好机会。

5.1 安全挑战

随着机器人使用量的大幅增加，新的安全和业务风险也随之而来。任何采用机器人实现自动化的组织都必须考虑对安全和治理的影响。随着这些基于机器人的计划在部署数量上的增加，企业可以通过采用现有的身份、权限和访问治理的通过验证的模型来铺平前进的道路。在实践中，这意味着我们对待机器人的方式与对待任何需要访问的账户的身份是一样的。需要建立一个清单和目录，说明它们的存在、目的和访问要求。这个机器人目录可以与你的身份与访问管理解决方案的发现和管理功能相结合。

要应对机器人带来的安全挑战，还需要对机器人的权限需求和任务生命周期进行细致且谨慎的管理。机器人对特权信息的所有访问都必须以与管理其他访问相同的方式进行控制和审计。这种管理必须包括全面的可见性、策略管理和生命周期控制。我们必须使用与其他账户一样的治理和特权账户访问控制对机器人进行评估。

5.2　管理机会

机器人的应用浪潮也为身份识别提供了一个机会，使其在企业内部变得更加直观和普遍。机器人不仅可以帮助提升工作效率和加强客户服务，还可以用在 IAM 基础设施中加强与业务的交互。这可以采取聊天机器人和其他仿人的交互形式，使业务用户能够更好地访问报告和分析数据。

用户也可以更多地参与到身份治理的实际流程中。比如使用机器人协助处理访问请求。这样就可以根据最终业务用户的需求进一步定制流程。机器人可以通过其掌握的上下文和其他信息引导用户做出正确的请求选择，从而引导用户为自己和企业带来更满意的结果。

5.3　治理机器人

在大多数组织中，机器人的使用量在迅速增加，这也意味着我们需要采取一些必要的行动，以免我们还要为这个新助手做一些额外的工作。从身份与访问管理角度对机器人进行治理是很简单的。若机器人是长期存在的（即基础设施的一部分），就把它当作一个身份来对待；若机器人通过账户和权限进行系统访问，则需像管理其他账户或权限一样管理它。对它们进行编目，了解它们的上下文，控制它们的生命周期（这是最重要的）是整个身份治理流程的一个关键部分。

大多数组织现在才迈出进入机器人世界的第一步。这其实为规划身份项目和项目组成员提供了一个从一开始就把事情做好的机会。通过积极主动地提出正确的问题，并使用经过验证的最佳治理实践，我们可以在保留治理和监督的同时，快速采用这种新颖有趣的技术。

第 6 章

定义身份治理

身份治理已经成为企业 IT 自动化、企业安全和企业合规性管理中的重要组成部分。它提供了一个用户访问的控制框架，并最终帮助我们降低整体运营风险。幸运的是，对于身份治理的含义，业界已经达成了很好的共识。本书定义如下：

> 身份治理是一种技术和流程，用以确保人们对应用程序和系统有适当的访问权，并确保组织始终知道谁可以访问什么、访问是如何使用的，以及该访问权是否符合策略。

6.1 谁可以访问什么

身份治理是管理谁可以访问什么的过程。员工、承包商和业务合作伙伴都需要访问企业系统和数据。了解谁可以访问、谁应该访问，以及如何访问，是一个重要的业务和 IT 安全问题，结构如图 6-1 所示。

了解"当前谁可以访问"是管理"当前状态"的关键一步。为了管理用户访问，我们必须了解当前情况如何。所有 IT 系统都有历史。用户的访问随着时间的推移而变化，如果没有一个可靠的管理和审计系统，这些系统就会变得很无序，出现无效访问。在对这些系统进行验证或更新之前，我们必须了解当前状态。举个例子，当你在移动设备上使用谷歌地图时，在你

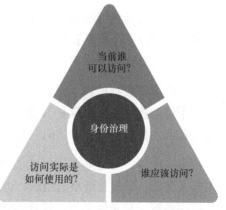

图 6-1　身份治理是了解和管理所有企业数据资源中谁可以访问什么的科学

获得前往目的地的路线之前，谷歌地图必须知道你的当前位置，这就是你的当前状态。

确定"谁应该访问"是一个比较复杂的业务安全策略问题，通常称为"期望状态"。即使了解"当前状态"，在以任何方式更新或改变它之前，我们也必须了解配置之后应该是什么样子。这意味着要提前定义业务规则并了解适当的访问级别。定义适当的访问是在本书中会多次提到的话题。现在，只需将其视为谷歌地图的目的地。当谷歌地图知道你的出发点，以及你想去的地方（即你的"期望状态"）后，它就可以为你提供一条明确的驾驶路线。

跟踪"访问实际是如何使用的"是整体治理过程的基础。很多时候，访问行为都是不正确的、未使用的或不恰当的，因此跟踪系统的实际使用情况是关键。使用跟踪并不意味着要侵犯用户隐私或者对用户进行恶意监督。比如，可以监控和存储指定应用程序的"最后登录"日期。为了持续保证"期望状态"的完整性和完善性，使用日期很关键。再回到谷歌地图的例子，通过了解当前的交通情况，驾驶路线会得到极大优化。在繁忙的城市里，知道了哪里拥堵，地图系统就可以提供替代路线，并更新推荐路线和预计到达时间。治理也是如此，掌握了使用情况意味着可实现更好的控制和更有效的安全。

6.2 管理用户访问的复杂度

如今，大多数组织都在混合使用云、SaaS 以及本地系统和应用程序。服务通过多种渠道由多个服务提供者提供。管理访问控制，无论它是如何提供给最终用户的，都是身份治理的职责。

用户访问控制被嵌入我们的应用程序、系统和基础设施中。每个系统都会制定一个访问控制策略来保护其数据。在不熟悉管理流程的人看来，这个访问控制流程看上去很简单。人—访问—数据，用户访问控制会有多难呢（见图6-2）？

事实证明，对这些不同形式的访问控制做一致、全面、可持续的管理，需要由专人负责。即便是最小的组织，访问控制的实现最终也会被嵌入应用程序账户、数据库系统、目录服务器、操作系统以及一系列外部访问管理解决方案，如单点登录系统（SSO）和外部化的基于属性的访问控制（ABAC）服务中。

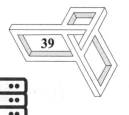

图 6-2 企业系统中用户访问控制的复杂性，包括嵌入式和外部化的控制方式

身份治理解决方案可以帮助企业清点、分析和了解员工、承包商与业务合作伙伴在这些不同系统中被授予的访问权限。它们会为所有访问系统的行为提供自动化、控制和治理，不论它们位于何处。身份治理可以全方位覆盖身份、用户、账户、特权、权限和访问的顶层管理能力，适用于各种落地场景。

6.3 问题范围

如今，身份治理涉及的控制范围非常广泛。在网络安全领域，"你的实力取决于你最薄弱的一环"这句话用在这里非常贴切。我们必须在所有系统、应用程序和数据中为正确的人提供正确的访问权限。云和本地系统需要自动化、控制和治理，而且必须能够弥合结构化数据存储系统和非结构化数据存储系统之间的鸿沟。

有一个很好的例子可以体现范围的重要性，那就是管理财务数据。例如，即使对内部核心 SAP 系统（结构化数据）的访问治理已经做得很好，但当用户不受限制地访问从该系统中提取的电子表格信息（非结构化数据）时，还是会出现问题。现在，攻击者都知道文件共享和 SharePoint 等非结构化数据资源中包含着有价值的企业信息。在身份治理中，需要确保这些非结构化数据资源也能得到有效的控制和监督。第 7 章将继续讨论管理这些非结构化系统时面临的各种挑战。

6.4　管理访问的整个生命周期

最后，一个完整的身份治理方法必须要处理用户访问的整个生命周期。在身份治理中，我们经常使用 JML 这个术语，JML 是 Joiner（加入者）、Mover（移动者）和 Leaver（离开者）这 3 个单词的缩写。这个术语来自人力资源领域，用来概括一个典型的用户访问流程经历的三大主要状态。身份治理负责为整个生命周期提供可见性和控制。

在用户的访问生命周期的每一个阶段，身份治理负责自动化和控制，以确保正确的访问得到了有效维护，特别是当用户在不同状态之间变换时。第 7 章将讨论如何进行生命周期管理，并深入洞察其中的最佳实践。

身份治理流程

本章将简要介绍端到端的身份治理流程，提出一些解决问题的思路，并提出一套以组织、项目和部署为核心的建议。本章主要介绍技术，以及在选择和部署企业级身份治理解决方案时需要注意的问题。

本章将介绍身份治理（IG）项目的基本步骤和主要流程，包括如何基于当前状态建立可见性和上下文，以及从基本控制流程到企业角色管理和策略评估的 IG 流程的主要内容，最后到使用人工智能创建"预测性"治理的高级流程。

7.1 可见性、连接性与上下文

第 4 章中提到，在某个特定的时间点知道是谁访问，这一可见性是治理流程中至关重要的一步。要管理用户访问，必须实现基于当前访问配置的可见性和上下文。"你无法管理你看不见的东西"这句话用在这里再贴切不过了。你必须通过已有账户和访问来发现用户在哪些地方有访问和权限。许多情况下，相关组织可能已经有了一套工具，能实现账户管理过程中一定程度的可见性与控制。你只需要在可见性流程的初始阶段使用这个工具就行了。

整个身份治理流程中关键的第一步是启用和维护"当前状态"的可见性。这就需要与权威身份源进行整合，与账户和访问控制所在的目标应用程序进行连接，以及建立权限目录。

与目标资源的连接是身份治理流程中的一个关键组成。尽管实现连接的方法有很多，但我们始终认为，开发、部署和维护这种连接的方法是成功部署企业级 IGA 的核心要素之一。7.1.2 节会详细介绍如何处理连接性，同时提供一个简单的分类系统，帮助大家了解和评估在身份治理解决方案中如何实现连接性。

本节标题中使用了"上下文"一词，是为了帮助大家理解访问的含义。很多时候，我们在管理用户的访问时，并没有很好地理解这种访问的实际意义。

访问控制技术（在目标系统内部实现控制的账户、组、配置文件、属性和许可）在开发时很少考虑会与业务直接交互。含义模糊的命名标准和复杂的分层实现模型，使得非 IT 安全专业人员基本无法理解访问上下文的实际含义。"Bob 在活动目录的管理组中。意思是他可以访问我的个人信息吗"？身份治理的最终目标是通过连接（或重新连接）访问安全模型和该特定访问控制的业务含义来帮助回答这个问题。理解身份、用户、访问和数据之间的关系，就是我们所说的上下文；为这个访问上下文创建一个一致的映射是这项技术的主要目标之一。

通过身份治理流程，我们可以缩小各种权限控制系统和最终拥有这些系统的业务用户之间的差距。随着我们获取了各种权威身份源的可见性，并建立了对应用程序和权限源的连接之后，我们就可以再叠加业务策略，并为正在进行的长期生命周期管理打好基础。

7.1.1　权威身份源

要获得可见性并建立用户访问上下文，需要与员工、承包商和业务合作伙伴的所有身份源建立连接。我们使用"权威"一词意指这些系统是某一指定身份类型或人格的用户记录的真正来源。不过这些身份信息的来源很少，基本就在同一个应用程序或系统中。在 Workday 或 SAP HCM 等核心人力资源系统上的员工记录（在第 4 章中提到的员工编号）是一致的。关于非员工（承包商、业务合作伙伴和客户）的信息往往被存储在一个混合的企业存储库中，如微软 AD 或者企业自建的数据库应用程序系统。简而言之，身份源记录是分散在多个系统中的。

在大多数组织中，我们会看到身份有多个来源，甚至在一些指定用户群中也是如此。由于并购、系统迁移以及 IT 技术的变迁，很多组织甚至拥有多个人力资源系统。IG 流程的一个关键部分是整合这些不同的权威源，为所有身份记录创建单一视图。这种单一的用户数据存储库并不能取代原始的权威源，它只是创建了一个虚拟的综合视图，也就是我们常说的"记录治理系统"。这就是身份及其所能访问的所有账户之间的关键联系。这个记录治理系统可以作为一个中心参照点，我们可以围绕这个参照点把所有账户和访问联系起来，并进一步应用上下文。

7.1.2　连接方法

一个身份治理解决方案应该能够连接到每一个目录、数据库、应用程序以及其他访问信息的所有存储库（即可以把身份实例化为账户的地方）。一个企业级的身份治理解决方案必须提供一系列的连接器，才能实现这一目标。这些连接器一般分成 4 大类，本节我们将详细讲解。

- **API 直连**：使用目录源或应用程序的授权 API，可以管理账户信息。
- **共享存储库**：使用专门建立的存储库来共享身份和账户信息。
- **基于标准**：使用行业标准协议，可以在数据源之间交换身份和账户信息。
- **自定义应用程序**：使用自定义代码或专用连接器，可以管理身份和账户信息。

需要指出的是，我们不以目标是否上云来区分或划分连接器类型。无论目标源是在企业内部、公有云/私有云中，还是在外太空，重要的是访问应用程序或系统的方式，而不是它的物理位置。对于任何根据应用程序运行位置来划分功能的身份和访问管理系统都要保持谨慎。最终用户不关心应用程序在哪里运行，我们也不应该关心。一个经过授权并得到悉心保护的连接器，不管放在哪里，也不管它连接的是什么，都应该能够正常工作。

不论连接类型如何分类，连接代理账户的管理、存储都是大问题。对于身份治理系统来说，无论以何种形式连接到外部应用程序或系统，都需要先得到其自己的授权。这些功能账户和系统账户将会在下文中讲解。这个问题有点绕，即治理服务管理应用程序中的最终用户凭据，也需要自己的账户或凭据才能做到这一点。这种访问通常需要高级权限的 API 令牌和应用程序账户。这些账户和凭据本身必须进行存储、管理和审计。我们推荐在身份治理引擎外部的 PAM 库、密码保险箱或 API 密钥管理系统中对这些凭据进行保管和管理。后面会详细介绍有关整合 IG 和 PAM 的内容。

一个架构良好的连接方法还必须允许我们连接那些无法从管理系统连接的东西。这听起来有点矛盾——一个用来连接你无法连接的东西的连接器，但事实证明，它在实现整个可见性和上下文过程中是十分重要的。需要解释的是，在很多系统中，我们可以通过"手动传送"（feed）的方式获得对应用程序权限模型的只读访问。比如业务合作伙伴提供的 CSV（逗号分隔值）文件，虽然你未连接到应用程序，但可以看到它在特定时间点的配置。基于标准的连接器可以轻松导入这些数据，并在你的身份和账户模型中创建相关连接。但如何管理和更改这些记录呢？此时，就需要通过手动变更票据控制流程的方式，把身份治理与 IT 服务管理（ITSM）解决方案整合起来。通过使用"变更票据和跟踪"的内部源或外部源，我们仍然可以为手动管理变更实现一个受控的生命周期。这种"在一个通道上读取"（通过导出的 CSV）和"在另一个通道上写入"（通过 ITSM 变更票据）的方法，我们称为"双通道"方法。这种方法在项目早期阶段的快速和广泛部署中起着重要作用。

最后，虽然身份治理的连接方法必须达到全面、安全、高可用，但它不应成为快速和广泛部署项目的负担。因此，一个成功的连接办法还必须包括可开箱即用的、包含新手指南的应用程序上线工具，并内置便于加速注册和整体权限上线的流程方法。在设计实施时，需仔细查看上述功能，并确保你考虑的供应商能够为每个关键应用程序提供这些功能。让数据进入身份治理系统可能是阻碍项目成功的主要绊脚石。在这个领域中，所在的供应商、方法和技术的情况都是不尽相同的。事实上，我们可能会发现其中一些的水平是极其有限的。

7.1.3　API 直连

API 直连连接器通过某种形式、API 或远程读写机制在 IGA 服务器和目标应用程序之间提供连接。一般来说，这些连接器是由 IG 厂商提供的，应覆盖主流企业的内部和云端应用程序。这些连接器通常使用目标应用程序供应商提供的 API 库，并且经常使用存储的凭据进行认证。

API 直连连接器的示例有 SAP、Salesforce、Box、Office 365 和 AWS 等系统（在此仅举几例）。一个企业级的 IG 解决方案应该提供广泛、稳定的 API 直连连接器，并且必须完全负责在目标系统的版本变化时管理其开发生命周期。也就是说，它们能向前和向后兼容供应商已发布的旧版本 API，同时能适配那些不支持旧版本或更改功能的新版本 API。

7.1.4 共享存储库连接与延迟访问

共享存储库连接器涵盖了集中式系统，如企业目录（如微软 AD）、单点登录系统（如 Okta）以及所有形式的外部授权。由于这种实现方式存在常见的潜在缺陷，因此我们在这里解释一下：在企业应用程序开发中，常见做法是把应用程序账户和应用程序访问的关键部分集中到 AD/LDAP 这样的共享存储库中。该模型使用组成员关系来控制应用程序内部的功能访问。因此，访问控制从应用程序延迟到了集中式服务内的组和组成员。

需要先连接到共享存储库才能审计和管理这类应用程序访问。问题在于如何区分哪个组成员关系（权限）分别属于哪个应用程序。对目录来说，这些只是账户和组，没有任何东西可以将它们与实际应用程序联系起来。治理意味着将"这一个连接的资源"分解出来，并让业务用户了解它所服务的众多应用程序的上下文。举个例子，Bob 是 John Titor 的朋友，Bob 在某个管理员群组中拥有一个账号；当该管理员群组使用 MyCustomApp 授权模型时，我们必须治理到 MyCustomApp 这一层，而不能停留在共享存储库层面。共享存储库连接实现不好会严重影响业务用户的选择决策和整体部署。在选择、搭建和架构解决方案时，要仔细审视这个问题，并注意每个供应商是如何处理这些模型的。

7.1.5 基于标准的连接器

基于标准的连接器涵盖了目标系统连接的所有形式，可以采用（或复用）标准连接技术模型。具有代表性的基于标准的连接器有 LDAP、JDBC、CSV、REST 和 SCIM 等系统。此处的目标系统支持基于标准的 API 连接。IG 服务器只需采用该 API 接口，并允许应用程序的"新实例注册"，不需要新的连接器代码。

大多数情况下，由于具体实现中可能存在一些缺陷和漏洞，基于标准的连接器往往是 API 直连和共享存储库连接器的一个特例，单独列举在此。例如，目标实例注册必须简单且易用，只需输入几个连接参数并定义一个模式进行导入。在供应商的实现中，情况往往不是这样。但无论如何，连接器的代码必须由供应商维护，部署的各个方面（包括对共享资源的认证）都必须做到精简化和流程化。

基于标准的连接器的另一个重要例子是跨域身份管理系统（System for cross-domain Identity Management，SCIM RFC-1746）。作为一个重要的基于标准的连接

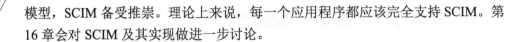

模型，SCIM 备受推崇。理论上来说，每一个应用程序都应该完全支持 SCIM。第 16 章会对 SCIM 及其实现做进一步讨论。

7.1.6　自定义应用程序连接器

自定义应用程序连接器允许 IGA 服务的特定租户或部署为尚未被覆盖的目标资源自定义连接。通常情况下，客户（或其部署/技术合作伙伴）会通过与身份治理供应商相同的流程，提供其预包装的 API 直连连接器或自定义的协议连接适配器。为了成功部署自定义应用程序连接器，应该遵循有关开发和部署的最佳实践。

在开发中，自定义连接器应基于供应商提供的工具包。这个工具包应该指导开发人员在开发中遵循最佳开发实践，并且必须提供技术支撑，确保成品连接器通过测试并具有完整性。在部署中，任何自定义的连接器都不能改变或影响到底层核心治理服务器或服务的生命周期。虽然这听起来老生常谈，然而真实情况往往并非如此。自定义连接器的某些实现可能会影响 IG 流程中高级组件（即生命周期管理、认证或策略控制）的功能，从而破坏整体部署。当然，像其他所有连接器一样，无论是自定义的还是由供应商提供的，连接器认证必须是安全的和有弹性的。

7.1.7　连接器核查和本地变化检测

IG 系统主要执行访问控制的管理与配置。连接器层负责与基础设施打通、变更，从而管理与身份或所有者相关的账户。然而，应用程序或基础设施的更改通常在局部发生。当局部管理行为出现时，IG 系统就会捕捉分析这些变化并执行正确的操作。这就是核查和变化检测的过程。

目前主要有两种方法来了解现实世界中某件事是否已经发生了变化，一种是通知 IG 系统目标系统发生了变化，另一种是 IG 系统根据自己缓存的（以前的）配置版本做增量更改分析，IG 供应商一般称之为核查或侦察。IG 系统和流程必须支持上述两种方法。如果可能，最好从受管系统本身的变化执行检测。例如，大多数 LDAP 服务器都支持一种特殊的属性轮询机制（在微软 AD 中是 USN-Changed），用来告知某事发生了变化。这样一来，就不需要再由 IG 平台做有较大代价的增量变化评估处理了。

核查和变化检测一直能有效突出产品的差异化。除了分析增量变化的处理成本，有些系统其实处理不好核查流程。在核查过程中发现增量记录时，这些"行为不良的实现"别无选择，只能把局部变化视为错误，自动改回之前的已知值。这可能会给产品的维护、升级、运行带来不可预见的安全问题。成熟的 IG 系统支持检测到局部变化时执行变化触发器和控制流程。这样就可以执行业务流程逻辑，而不是盲目地做管理覆盖。当局部变化越来越普遍，同时对持续变化的控制又不太健全时，是否拥有用业务流程处理变化的能力是影响初始部署是否成功的一个重要因素。

7.1.8 关联和孤儿账户

如上所述，IG 项目的总体目标是理解和管理人、访问与数据之间的关系。这个目标的核心是账户、令牌或凭据（访问）与真人之间的逻辑联系。人与账户、访问连接的持续过程称为关联，如图 7-1 所示。理想情况下，每个账户都与一个人（身份）完美匹配，此时，就是 100%的关联（声明一下，这种情况我们从来没见过）。我们一般把无法与已知用户相关联的访问账户称为孤儿账户。孤儿账户可能是安全体系中的一个严重漏洞。攻击后的取证分析显示，攻击者会在整个网络杀伤链中创建和使用新账户。因此，对持续进行的治理和安全而言，要尽可能利用工具自动检测并快速解决孤儿账户。

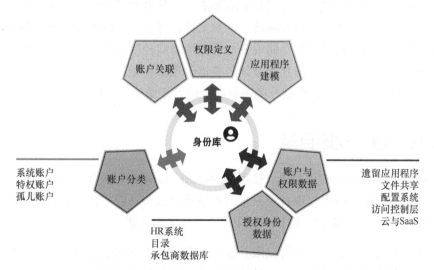

图 7-1   对总体账户和权限关联性的总结。身份、账户和权限不断流入系统，
没有连接到人的项目会被标记出来，从而引起应用程序和系统管理员的注意

系统账户、功能账户、特权账户和应用程序账户的存在都可能对这一流程构成挑战。若没有专门流程，系统对系统的访问和 IT 基础设施的管理所使用的账户和权限很少能与已知用户直接关联。在大型生态系统中，如果缺少专门管理关联的流程，可能会产生数不清没有关联的账户。企业级 IG 解决方案提供的核心产品功能可以协助我们手动或自动地解决这些问题。使用图形化的搜索和连接功能进行手动关联，可以帮助管理员在已知所有者和孤儿账户之间建立并维护连接。自动匹配算法能帮助给出关联建议与潜在连接。这种自动发现技术还可以为集成特权账户管理（PAM）解决方案提供重要帮助，比如可以帮助确认权限并引导 PAM 解决方案控制账户。有关 PAM 和 IG 解决方案之间集成的最佳实践，我们将在第 13 章中详细讲解。

7.1.9 非结构化数据的可见性

本章开头提到，一个企业 IG 流程必须涵盖存储在文件和非结构化数据存储库（如 OneDrive、Box 和 SharePoint）中的信息与知识产权，这一点至关重要。实现关于什么人可以访问什么的可见性中必须包括这些信息，因此，从非结构化存储库做连接、聚合和关联变得越来越重要。

在这一可见性过程中，关键是要能够清点、分类和了解什么东西存储在什么地方，以及如何进行保护和实际访问。对文件进行分类有助于清查和了解秘密的存放位置。遍历和记录文件存储设备与服务的访问控制模型，有助于我们理解其访问的复杂性。所有这些信息都必须与整体治理流程相结合，并由企业权限目录提供。只有这样，才能把数据分类映射回身份可接受使用的程度。

7.1.10 建立权限目录

IG 流程的核心是权限目录。权限（entitlement）是我们关注和管理的技术访问控制设备的总称。虽然权限目录只是所有系统中这些功能的注册表，不过如何在整个 IG 解决方案中构建、维护和利用这个目录才是关键。

目录本身提供了一个注册权限并建立元数据和上下文的地方。这里，权限一词是对所有提供访问的事物的一种抽象表达。它为其多种实现形式提供了一个将访问规范化的场所。它为复杂且有差异的访问提供了一致性和业务层面的上下文。

企业级 IG 解决方案在这一方面具有成熟且广泛的功能。在选择商业 IG 解决方案时，我们推荐寻找能够为所有权定义、审批流程、定义和分类功能提供最佳实践的权限目录。权限目录是 IG 解决方案的核心，因此要寻找一个高度可扩展的元数据框架作为解决方案的一部分。该元数据将允许你定义代表业务需求的自定义属性，并满足监管合规性的业务要求。

后面我们将讨论零信任和基于元数据的 ABAC 的话题。通过允许地理位置或岗位编码等基本身份属性在目录中成为权限，灵活的权限目录会大大推动零信任的发展。当身份属性被用于访问控制决策时，它们就变成了权限赋予，必须对其进行管理。

最后，在高级系统中，还要对目录本身的生命周期进行控制。当访问决策和控制过程依赖存储在目录中的信息时，我们就要对目录本身进行审批和变化控制。请记住，在权限驱动的控制系统中，元数据才是王道，所以要像保护皇冠上的宝石一样保护你的元数据。它实际上是整个受控环境中所有基于身份的权限的数据映射。

7.1.11 搜索与报表的力量

在关于可见性、控制和连接性话题的最后，我们再说一说搜索和报表。既然我们已经掌握了关于人员访问和数据的所有信息，接下来，就是把这些信息提供给那些要使用这些信息的人员和流程并使其可见。不管信息如何存储在 IG 解决方案中，重要的是在搜索、查询和报表中使用这些数据。一个企业级的解决方案会提供多种路径来访问其数据。在制定你的 IG 流程时，要规划一个简单的搜索和查询功能，让业务和 IT 安全人员能够找到人，查看他们的当前状态和期望状态，更重要的是要在业务和数据安全层面上理解这种访问的意义。所有结构化和非结构化的查询和报表功能应该能够按预定的时间间隔运行，通过电子邮件交付结果，并可以通过点击验证来确认、跟踪和审计交付与接收情况。

最后，所有 IG 解决方案必须确保 IG 解决方案内的报表、查询和所有数据访问都严格遵守已定义的安全和隐私模型。具体来说，这意味着建立和维护强有力的访问控制，规定谁可以随时访问和检索 IG 系统的数据，无论是从用户端还是从

数据访问的 API 端。这通常要求 IG 解决方案本身要有一个完整的基于角色的访问
控制（RBAC）模型来满足这些要求。信息就是一切，我们必须确保 IG 系统内存
储的关键信息时刻受到保护。

7.2　全生命周期管理

生命周期管理（Lifecycle Management，LCM）是 IG 流程的核心。它可以捕
获、模拟和维护"自动分配生命周期"的核心状态。IG 系统的主要目标之一是在
用户及其访问数据不断变化的生命周期中提供控制与自动化。整个 LCM 子系统的
概要如图 7-2 所示。

图 7-2　LCM 整体流程。驱动 LCM 流程的核心是治理模型，
围绕着这些模型的是驱动系统的主要 LCM 事件和行为

7.2.1 节将深入介绍"LCM 状态模型"通常是如何工作的，以及典型实现中的
工作流程。LCM 流程的核心是治理模型。我们将介绍什么是治理模型，并描述它们
在整个 LCM 流程中的关键作用。我们还将分解出其中的一个模型——企业角色，
并详细说明其在 LCM 流程中扮演的角色。最后将讨论嵌入式控制以及在 LCM 流
程中实现控制自动化的有关问题。

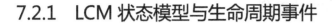

7.2.1　LCM 状态模型与生命周期事件

LCM系统的总体目标是为系统和应用程序访问的整个生命周期提供自动化和控制。LCM状态模型的核心价值体现在LCM流程主要是由已知状态及相关状态之间的转换（事件）来驱动的。举一个最简单的例子，员工状态可以设置为"被雇佣"和"被解雇"。当有人收到雇佣关系终止邮件时，则会记录一个"离开者事件"，那么针对这个事件执行定义在治理模型中的操作，很可能是删除这个人的所有访问权限。所以，在最高层面上，LCM系统会根据已知状态、变化事件和明确定义好的治理模型来驱动其自动化。

1．LCM 状态

LCM状态往往以人或系统用户为中心，这些人或系统用户从人力资源和承包商管理源流入LCM模型。大多数人力资源流程都带有自定义的状态模型，表7-1所示为一个模型系统的例子。

表 7-1　LCM 状态示例

预雇佣	在许多系统中，员工和承包商的记录在用户开始工作的日期之前就流入了 IGA 系统。这些用户记录被标记为"预雇佣"，使得 IGA 系统能够在正式开始工作的日期之前采取行动
雇佣	当记录移动到"雇佣"LCM 状态时，系统会触发与雇佣或联系相关的开通动作
终止	当记录移动到"终止"LCM 状态时，系统会触发与删除访问权限相关的操作

一个企业级的IG系统应该有一套定义好的LCM人力资源（HR）状态，当然我们也可以自己配置，以捕获每个部署场景中特定的新状态。

2．加入、变更、离开事件

尽管大多数组织使用正规的HR流程时都有自己的员工记录状态，但在身份治理中的常见做法是抽象主要记录状态，在用户加入（join）、变更（move）和离开（leave）（简称为JML）时定义特定的控制动作。JML事件通常由HR记录状态触发，但也可以由IG系统本身触发。IG系统的主要目标是叠加治理并提供自动化和可持续的控制。因此，JML事件可以由IG系统用户界面（UI）中发起的行为触发，也可以基于控制阈值（比如最大风险评分）触发。从这个意义上讲，JML事件是一个核心治理行为，而不是HR状态的变化，所以大多数自动化系统都会对两者进行区分。

3．生命周期触发器和变化检测

在企业级 IG 解决方案中，很多事情都会导致触发行为。JML 事件是对大量行为（通常称为生命周期触发器）类别的简单抽象。这些事件可以基于 IG 系统内部的任何事情或外部 API 调用来触发，主要思想是基于访问模型、状态或其上下文的一些变化来运行一个流程（通常是一个预定义的工作流或程序执行钩子）。一个企业级 IG 解决方案允许在这个领域做扩展配置，以支持不同的管理用例。

生命周期触发器常用来执行一个定义好的控制。我们希望在到达触发点和执行生命周期事件时，能够执行标准治理行为，如访问审查、重新审批、策略评估和标准化工作流。产品的用户界面最好能全面支持解决方案的配置和持续维护工作。更重要的是，这类业务规则对业务用户来说应该是可见的，并可由业务用户进行管控，而不再是 IT 程序员。如果还是把触发器和相关行为的配置置于程序后端的代码中，这样做体验就很不好。

生命周期触发器会根据 IG 系统监视或缓存的数据值的变化来执行，这通常被称为变化检测。LCM 变化检测和连接器核查之间有区别。创建事件触发器需要基于治理模型中数据的变化，而非连接器中数据的变化。例如，我们可以选择在受控应用程序的安全许可属性发生变化时发布通知，或者我们可以设置当单个用户的权限分配状态的变化超过一定数量时，系统重新执行审批流程。这种控制叠加是基于治理的生命周期管理方法的一个重要组成部分。

7.2.2　委托和手动事件

图 7-2 描述的是整个 LCM 流程，其中一个重要的生命周期输入来自于 IG 解决方案的界面（其形式是手动委托事件）。基于治理的身份管理方法的核心主张是为企业提供一个界面，以方便实施行为并进行控制，这个界面称为日常管理操作界面。允许对细粒度的访问进行委托管理使 IT 安全管理员能够专注于设置策略而不是执行变化。终极委托就是自助服务，即把规定的一系列管理行为的责任委托给每个最终用户。这一般包括访问请求、密码重置（包括单点登录解决方案的内部或外部）、账户解锁，以及访问中的持续认证和验证等功能。

我们之所以强调这些手动 LCM 输入是因为它们不应该孤立存在。不论是受控应用程序的本地更改、IG 系统的自动变化，还是由最终用户端启动的界面输入变化，所有变化都必须接受相同的控制和治理，所有更改都必须被完整地记录下来，以供治理报表和威胁检测使用。

7.2.3　采取基于模型的方法

位于图 7-2 中心位置的是驱动自动化流程的核心治理模型。正如我们介绍 IG 时所描述的那样，创建定义期望状态的核心策略模型至关重要。"策略"一词在 IT 领域，特别是在 IT 安全和管理中已经被过度使用了。为清楚起见，我们对治理策略模型提出如下定义：

> IGA 策略模型用于捕获期望状态、已知最佳配置以及控制和治理行为清单。这些模型是对账户和权限应如何设置、批准、审计和使用到某种已知状态的抽象表示。IGA 策略模型的例子包括权限目录、模式开通、批准和所有权记录、审计要求、角色模型、生命周期触发器和职责分离规则。

IG 流程中定义和使用的所有不同的模型记录类型形成了当前状态和期望状态之间的核对基线。一个企业级 IG 解决方案应尽量提供图形化界面，使得这些模型能够被业务用户轻松使用。在成功的 IG 部署案例中，有一个说法是"让模型来驱动流程"。这句话点出了模型本身的重要性，以及在持续的生命周期中，治理平台应该如何运用模型。

7.2.4　企业角色作为一种治理策略模型

企业角色是治理模型中最常用也是争论最多的对象之一。在企业角色中，"企业"这个前缀很重要。在不同类型的系统中，有多种类型的角色。这里，我们特指治理系统本身所定义和管理的权限组与控制策略。企业角色（以下简称为"角色"）是极其重要的模型。我们不一定要使用它们来运营基于治理的生命周期，但如果确实用了且用法正确，就可以大大简化整个流程。

角色的基本定义在第 4 章中已经介绍过了，后文中还会进一步讲解。为清楚起见，我们可以这样理解：一个好的角色模型将提供一个可定义、验证和协调访问的

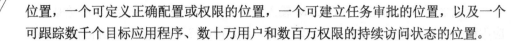

位置，一个可定义正确配置或权限的位置，一个可建立任务审批的位置，以及一个可跟踪数千个目标应用程序、数十万用户和数百万权限的持续访问状态的位置。

7.2.5 嵌入式控制

前面说到，无论变更输入或请求来自何处，都不应该绕过治理策略。就像是我们说到功能账户时那样，不行就是不行！"嵌入式控制"这个词用来强调把治理策略（如审批和职责分离规则）嵌入流程中。我们将在 7.4 节介绍检测和预防策略，但现在，我们只需要记住，在整个访问的生命周期（从加入到变更再到离开）中，诸如职责分离这样的控制措施、明确的审批流程，以及像基于事件的访问审查这样的具体审计控制措施都应该嵌入治理流程中。

7.3 开通与实现

开通是身份管理中长期使用的术语，表示提供对应用程序和数据进行访问的整个过程。它通常涉及采用各种连接手段，在正确的时间向正确的人提供正确的访问。在开通后面用了"实现"这个词，是为了提醒大家，在复杂的企业场景中，有多种方式可以实现这种访问。在基于治理的方法中，开通和实现（为简便起见，以下简称为"开通"）代表了系统如何确保一个行动顺利完成，不管它是如何跨越"最后一公里"交付的。

7.3.1 开通网关和遗留开通流程

7.1 节提到过连接的最佳实践，在治理中我们必须允许多种方式连接到需要管理的应用程序和系统。在复杂的企业场景中，开通服务器或流程可能无法通过 IP 访问到目标应用程序。例如，当应用程序位于企业防火墙后，或部署在网络地址转换（NAT）子网后时，治理解决方案可能需要提供一个能够提供单一安全入站连接通道的网关流程，以便为运行在该 NAT 或防火墙后的多个目标应用程序进行调配。在某些场景下，网关可能是一个请求的哑路由器，只能用来规避网络拓扑限制和 IP 路由限制。而在另外一些场景下，网关可能是一种复杂的软件设备，用来提供有保障的交付、增强的安全性和更高的性能。在这两种场景下，IG 流程都会将网关作为一个传递式的实现引擎。这提供了一个基本的分层架构模型，其中网关是管理治理服务器与受控资源和资产之间连接的唯一资源。

在部署中，遗留开通系统和流程也很常见，无论是商业化的标准解决方案还是自定义的工程流程。在这两种情况下，这些遗留功能往往都会长期存在。为此，新的基于治理的开通平台的工作就是为该遗留系统提供一个连接器。更高级的 IG 平台会抽象这种开通集成模式，并创建一个标准化的模块方法，以简化代码集成，并随着时间的推移降低维护成本。

7.3.2　开通代理、重试和回滚

企业级开通引擎是一个复杂的软件。它负责启动、管理和监控下游系统的所有变化。当一个治理平台支持把权限封装到组和角色中时，开通引擎必须了解在持续分配和取消分配生命周期中可能产生的重叠义务。在不同群组和角色中找到相同的权限是很常见的。因此，开通逻辑必须理解复杂的责任和义务矩阵，而且只能增加或减除正确的属性和权限。图 7-3 所示为跨复杂状态模型和复杂连接器模型的"代理"变化过程。

| 访问认证 | 访问实现 | 密码管理 | 角色管理 | 身份分析 |

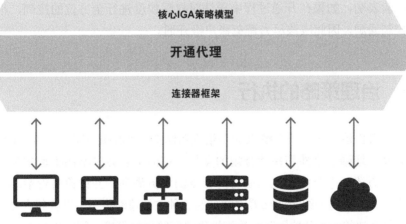

图 7-3　开通"代理"的挑战：在请求冲突和各种连接手段之间管理状态

在故障转移、灾难恢复和重试场景下如何执行指定的开通引擎同样十分重要。在某些时候，目标系统会出现不可用的情况，随后读写业务也会时不时地失败。因此，至关重要的是，引擎本身需要有能力应对一系列错误条件。例如，当开通一个包含 4 个权限（来自 4 个独立系统）的企业角色时，如果最后一个开通行为失败，是否应该回滚并删除其余权限呢？或者当故障发生时，在引擎放弃并进入回滚模式之前，失败时要重试多少次？这些问题的答案最终与特定目标系统和用例直接相关。因此，开通引擎必须具有足够的灵活性和可配置性，才能处理所有这些情况，这是至关重要的。

应对企业开通过程复杂性的一个重要部分来自其内部管理和监控能力。在开通层会存在很多冲突，为此，核心引擎必须提供其执行和流程的各个方面的指标。如果这些项目由于网络中断、自然灾害或其他因素导致资源不可用的情况而失去同步，那么协调诸多变化将会变成一项异常艰巨的任务。除非 IG 解决方案拥有全面的内置的跟踪、监控和根因分析能力，否则管理开通流程本身就会变成一个沉重的负担。

7.3.3　权限粒度与账户级开通

在一些简单的开通流程实现中，很多实现都卡在了账户级这一层上。当开通引擎不理解或无法管理"权限粒度"时，就只说支持"账户级开通"。这些实现不理解权限粒度，不管理定义实际访问控制模型的账户属性。在这些情况下，通常只能单独手动把实际权限添加到账户中。

经验表明，如果在开通过程中无法对权限粒度进行全方位的控制，很快就会出现控制漏洞，因此应该尽力避免账户级开通。

7.4　治理策略的执行

进行身份治理的一个关键点就是治理策略的持续制定和执行。IG 策略是支撑运营效率、增强安全性和持续合规的支柱。市面上有许多不同类型的策略，也有多种实现方式。本节将概述驱动访问合规的业务规则，并讨论身份治理策略如何发挥作用。这里将介绍企业部署中常见的 3 种主要策略类型，并介绍在作为基于治理的整体方法的一部分使用时，检测性策略和防御性策略之间的差异。

7.4.1 访问合规的业务规则

第 8 章会详细讨论如何满足合规授权。通过内部和外部审计，每个企业会定义自己的一套业务规则，用以推动用户访问的持续合规性。驱动持续合规的业务规则也是业务规则，最终都应该由业务用户拥有。因此，对于治理平台中采集的业务规则，最常见的最佳实践即保证其具有强大的委托管理功能。这将允许实际业务用户查看、编辑、了解或签署策略定义的生命周期。这种委托管理就是治理系统开展日常工作的方式。IG 不应该只是为了合规。IG 业务策略跨越多个群组，应包括多个参与者。好的治理策略应该有强大的元数据来负责记录所有权，并且在可能的情况下，还应该为业务用户提供有意义的补救建议，以处理其发现的违规策略。

业务规则有很多不同的类型。最常见的策略类型是职责分离策略、账户策略和权限策略，下面将详细介绍每一种策略。

1. 职责分离策略

职责分离（Separation of Duty，SoD）策略在受监管的行业中是一项常见的审计要求，主要是为了识别出在同一应用程序内（应用程序间）或相关应用程序间（应用程序内）有访问冲突的用户。结合工作角色和职责或不恰当的重叠人格，SoD 规则提供了一个思路来理解什么应该被允许，以及什么不能被允许。基本上，这些策略可以识别出那些在未经核实和监督的情况下就处理敏感业务的人员。一个经典示例就是一个供应商支付系统内同时存在"发票创建"和"发票支付"，有时简称为"制作人-审核人重叠问题"。

从安全角度看，SoD 也是预防和检测基础设施安全问题的重要因素。通常的做法是把安全措施的开发、测试和部署分开。这有助于降低出现未经授权活动和常见配置错误的风险。

由于定义和实现 SoD 规则很复杂，在实际情况下执行或投入实际生产场景之前，最好能有一个自动化系统来帮助测试和模拟 SoD 规则。在任何违规事件和流程启动之前，预先运行和评估违规输出将有助于优化规则开发的时间，以及确保规则符合要求。

2. 账户策略

业务策略常常与基本账户开通的情况有关。企业通常需要制定策略来管理在特定时间内未使用的账户（通常称为休眠账户或陈旧账户）。休眠账户是一种常见的身份攻击向量，它在 IT 安全中需要特别关注。这些账户往往也是资源的浪费。一个企业 Salesforce 账户每个用户每年的成本高达 3000 美元，因此很容易看出，做好未使用账户的管理也可以大幅节约成本。休眠账户不应与流氓账户或幽灵账户混淆，后两者是为了实现常规业务策略之外的目标而存在的。

账户策略还可以跟踪在同一应用程序或基础设施中拥有多个账户的人员，帮助管理组织的整体访问风险配置文件。一个身份拥有的访问权限越多，当这个身份被泄露时，遭受的损失就越大。从这个意义上说，按身份跟踪账户可以深入了解有最大风险的区域，并有助于确保账户关联性和所有权流程始终得到遵守。

3. 权限策略

如 5.3 节所述，治理流程的一个关键部分是了解和制作权限目录。这种"权限上下文"允许构建策略，以强制执行关于谁应该和谁不能访问相关系统和数据的特定论断。例如，一个权限策略可用来查找那些能够访问管理者应用程序的非管理者。在组织变化过程（如个人晋升、部门重组等）中，人员角色和职责往往会发生变化，而他们使用的实际系统访问却没有发生变化。权限策略的概念可以将制衡机制嵌入变化流程中，并确保在用户责任和组织一致性发生变化时，访问限制得到强制执行。

7.4.2 防御性策略与检测性策略的执行

防御性策略控制指的是试图阻止或防止某些不良状态或事件的发生。我们在这里说"防御"，是因为这些策略基于某些变化采取主动行动，从而预防错误发生。防御性控制类似于一个实时的策略评估。防御性控制的一个典型的例子是，在新访问开通或自助访问请求时实施的 SoD 规则。简单来说，我们不希望一开始就出现配置错误。

检测性控制是一个周期性的过程，一旦出现不良状态，系统就会发现它们。这可以看作一个面向批处理的策略评估，比如访问审查、报告与分析，以及库存差异评估。SoD 分析在这里也很有用，因为我们仍然需要检查在我们不知情或未参与的情况下，底层系统是否出现"有害组合"。

在讨论防御性控制与检测性控制时最常见的一个问题是，如果一个组织有充分的防御控制机制，是否还需要做检测性策略评估？答案很简单：两者都需要。在一个理想世界里，所有的变化都是按照策略和顺序发生的。而在现实的 IT 和商业世界中，充满着无序和错误，出现遗漏在所难免。正确的做法是在防御性策略和检测性策略之间取得平衡，确保关键的检测和制衡工作持续进行，并作为安全机制定期执行。

7.4.3 违规管理

有了重要的策略，就会有严重违反这些策略的行为。由于治理规则触及安全、运营效率和合规性，认真管理策略异常和违规行为就变得越来越关键。这通常需要在 IG 平台中使用指定工具来管理违规行为，这种工具有专门的生命周期管理，一般包括违规行为登记册、审计补救步骤，以及因违规行为而采取的指定行为方式。

7.5 核准与访问审查

核准与访问审查（Certification and Access Review）是身份治理流程的重要组成部分。它们使管理者或其他负责任的委托人能够以一致和高度可审计的方式审查和验证用户的访问权限。在治理过程中建立的策略、角色和风险模型的基础上，访问审查为用户权限的当前状态提供了一个受控的审查点。

7.5.1 目的与流程

访问审查是一种反复的验证过程，旨在使管理人员（或其代表）能够进行"手动"检查，以确保用户能够有权访问正确的系统和数据。脱胎于企业和财务审计的要求，如 PCI 和 SOX，这个审查过程旨在使业务和 IT 安全融合在一起，以确保实现最小权限和恰当的用户访问。

IG 服务器从所有连接的系统中收集细粒度的访问或权限数据，并将信息格式化为结构化的报告，发送给相应的审查人员进行验证。通常情况下，一个证书就是一个访问审查的集合。例如，部门级经理核准程序将包括对每个经理的个人访问审查，再由每个经理对其员工进行单独审查。这种审查和证明的过程形成了一个基线，我们可以依据这个基线评估当前状态，并随着时间的推移管理其变化。

核准与访问审查有很多不同的类型，其中最常见的如表 7-2 所示。

表 7-2 核准与访问审查的不同类型

核准类型	描述/目的
管理者	显示管理者所授予的直属的访问权限，以确认他们拥有工作所需的权限，但不超过他们所需的权限
应用程序所有者	列出与特定应用程序有关的所有身份及其权限，以便该应用程序所有者能够确认该应用程序的所有权限是合适的
权限所有者	对个人拥有的受控权限最实用；列出拥有特定权限的账户，供权限所有者核准
高级核准	允许根据用户组或人群创建自定义核准
角色成员	列出与特定角色关联的身份
角色组合	显示封装在角色（可过滤报告的角色组）中的职务或权限
组成员	列出指派给一个或多个组的身份
组许可	列出所选应用程序被授予组的权限

　　一般来说，核准从最初生成到完成要经过几个阶段。图 7-4 所示为核准需要经历的各个阶段。

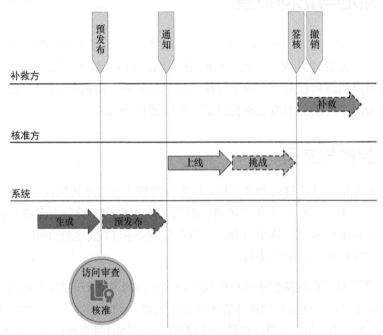

图 7-4　典型的核准流程

　　核准生命周期的第一步是生成阶段。这个阶段包括指定要纳入审查周期的数据集，并确定其时间表。这会产生一个或多个访问审查，并引起相关核准方的注意。为核准指定的参数限制了每次审查包含的数据，并决定了哪些阶段适用于当前正在进行的流程。

企业级解决方案通常会提供一个预发布阶段。预发布允许系统生成候选访问审查并对其进行分阶段处理，以便在对核准方可见之前对其进行检查。在大规模的核准活动中，这个检查点是防止出错和确保业务用户最佳体验的关键操作步骤。

访问审查生成后，下一步就是通知阶段。简单来说，就是让每一个参与这个流程的人都知道他们有工作要做。虽然这看似显而易见、微不足道，但一个核准活动往往是一个高度规范的业务流程，因此要确保整个流程中都有合适的人员参与，这就需要各种通知手段，并涉及实时的升级和流程变更，以确保特定活动及时完成。

在核准的上线阶段，各业务线都在积极审查和核实访问情况。在某些情况下，最好是在审查的同时采取相应行为和补救措施。例如，如果发现离职员工仍然可以访问业务敏感数据，可能需要立即采取撤销行为。在其他情况下，所有的变更都可以集中收集，并在整个活动的签核后执行。

一些 IG 系统也将在核准过程中实施一个挑战阶段。在这个阶段，在执行影响权限的撤销之前会通知其身份，这使他们有机会对该决定提出异议，并提出他们应该保留访问权限的理由。

签核阶段是指某次访问审查需要的所有必要的决定都已做出，并要求核准方正式结束审查流程。通常情况下，签核行为会使访问审查进入只读状态，以防止对审查决定做进一步更改。

最后，在撤销阶段，权限在源应用程序中被改变。根据开通过程的复杂程度，以及与目标应用程序连接的性质，撤销过程可以是手动的，也可以是完全自动的，或者两者结合。例如，如果某个应用程序没有可用的自动开通写入通道，那么对该应用程序中的访问补救可能只能通过向管理员发送电子邮件或打开 IT 变更票据来实现。

7.5.2　核准中的陷阱

认证过程中，人们最常说的陷阱就是可怕的"橡皮章综合征"（即不经过考虑就予以批准）。这时，审批人通过"全选"并点击"批准"，批量批准所有访问权限。确切地说，这是审批人在不了解访问的实际情况下做出的不具有真正基于价值的决策。这种情况通常发生在活动设计不当，没有向审查者提供相应的访问背景信息时（如用户友好的名称、描述、元数据等）。

在高度规范的环境中，核准疲劳也可能是一个因素。当企业用户意识到自己面对的是无穷无尽的权限清单、不断重叠的核准时间节点时，审查人员会感到沮丧，并对这个流程失去信任。通过对核准活动做适当规划，并在核准流程中更多采用策略性和基于例外的方法，这些情况都可以很容易避免。若允许，可转向采用基于角色和增量变化的核准模式，以努力减少需要审查的事项数量。最重要的是，要确保管理审查流程的业务界面对用户是友好且易于使用的。

核准的另一大隐患是数据不正确、不完整。"垃圾进，垃圾出"这句话用在这里是很贴切的。所审查的访问数据要尽可能新，所涉及的系统范围应尽可能广。如果数据过时或只覆盖了一部分访问环境，那么执行访问审查这样的检测控制机制就没有什么意义了。

7.5.3　演进与未来态

与其他 IT 技术一样，随着治理技术的成熟，核准与访问审查的流程也发生了变化。大多数企业和大多数 IG 供应商在如何定义与执行核准流程方面经历了一次演进。图 7-5 描述了这种演进过程。

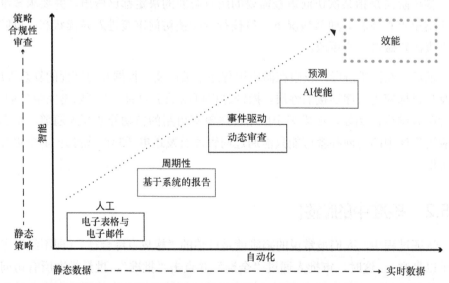

图 7-5　在核准的演进中，访问审查从人工到启用人工智能的预测性治理流程（未来态）

在最初部署阶段，核准流程是通过电子邮件使用电子表格人工完成的。有些组织至今仍以这种方式进行核准。如果组织规模很小，或者监管任务比较轻量，这种方式可能足够了。然而，大多数组织很快就无法再用这种人工方法了，更糟糕的是，人工方法在确保安全和完整性方面的局限使其无法达到所需的合规水平。

今天，许多组织仍然将核准作为一种周期性控制行为。它们定期进行批量核准，在每季度访问审查的时候进行突击工作。对许多组织来说，一个合格的用户界面（包括当前数据和了解到的权限上下文）提供的定期方法已经足够满足合规需要了。许多IG 厂商的产品也止步于此，这对许多企业来说可能带来比较大的限制。

幸运的是，现在许多组织正迅速向事件驱动的核准方法转变。因为组织需要应对大量的权限核准，以及基础设施中大量的数据变化，所以最好允许生命周期事件和治理策略仅在需要时触发动态访问审查。例如，我们可能会选择每季度对一组管理员的所有管理权限进行审查，但随后基于异常的管理活动，可能会自动重新审查某个特定的管理员。把正在进行的访问审查周期与关键安全促进因素联系起来，可以使访问审查成为阻止漏洞被利用的控制手段。这就使访问审查成为防范身份攻击向量的基本工具之一。

不过，核准的未来是预测式的方法。后文中我们将全面讨论人工智能和机器学习的相关话题。这些技术使下一代 IG 平台把事件驱动核准的概念提升到一个新的水平。治理平台通过做出基于价值和数据的决策（基于行为基线和对等组分析），能够创建一个更加动态和实时的流程方法。想象一下，当你刚刚从一个异常位置登录时，你的上级领导就会被要求确认你的关键任务应用程序的账户组，这是一种响应式和高度预测式的方法来检测治理控制，将迅速成为该领域领先技术供应商的关键未来驱动力之一。

7.5.4　企业角色管理

企业角色管理是个很大的话题，可以单独写成一本书。我们只在第 4 章中简单介绍了它的定义。本节中，我们还是对这个复杂的、有时令人不知所措的话题进行一个基础的介绍。在过去的几十年里，角色和基于角色的访问控制（Role-Based Access Control，RBAC）就像一个巨大的监管钟摆一样，在人们心中摇摆不定。然而，在这段时间里，始终存在着企业角色所提供的必然需求和重要功能的一条线索。

一般来说，RBAC 是一种安全访问的方法，通过一个人在组织中的角色来决定他们应该拥有什么样的访问权限。角色是每个用户被分配到该角色时获得的权限的集合。RABC 系统的主要目标之一就是仅赋予员工完成自身工作所需的访问权限，防止他们拥有与其角色或职责不相称的访问权限。一个设计良好的 RBAC 系统还可以更有逻辑、更直观地对各个访问进行分组，从而简化访问管理。根据部门、工作职能、头衔、人格或区域等因素，把角色分配给用户，然后他们的访问权限会自动与基础设施中的角色保持一致。这就提供了一种安全有效的访问管理方式，并简化了管理员、核准方和请求访问的用户的工作。

本节将着重介绍角色的核心价值以及一些已知的角色使用和整体管理的最佳实践，其中包括当前工程、发现和对等组分析过程，以及角色定义过程中的一些最佳方法。然后介绍管理这些角色定义的生命周期的内容，以及随着业务需求的变化，如何更好地管理我们所创建的角色模型。本节最后还会总结一下在哪些方面将角色视为整体 IG 流程中的一部分。

7.5.5 为什么是角色

如果做得好，企业角色会为 IT 审计和业务用户带来显著的效率提升。如今，企业业务涉及运行大量的数据访问过程，而企业角色（以下简称为"角色"）提供了一种简化该过程的机制。角色允许组织通过定义与业务活动和功能相一致的已知访问组并突出当前状态与模型视图不同的地方，以有效转向例外管理模式。

简单来说，角色使得核准与访问审查变得更简单、更快捷，对业务更友好。在业务核准过程中，角色允许用户专注于权限组的分配，而非迷失在单个权限的配置中。这就是通常所说的角色分配的核准。这样，一个单独的过程可以关注一个给定角色的组合，角色中的内容准备分配给个人，这通常被称为角色组合核准。

角色为权限变更生命周期实现了结构化的控制模型。假设需要为所有"基本用户"添加一个新的应用程序访问配置文件。角色有助于防止在单个用户或账户级管理这些更改。我们可以在角色层面对访问分配模型进行更改，并由开通流程以自动方式推送给每个用户。

角色也非常有助于安全审计和控制流程。审计员和安全专业人员可以在角色层面验证访问和访问管理流程，而不是处理单个权限和单个分配。这极大减轻了专家管理和监督的负担，使他们能够集中精力定义和验证治理策略。

最后，角色提供了一个重要的模型结构。角色（及其支持的元数据和控制流程）提供了一个具体的模型结构，业务和 IT 可以围绕这个模型共同定义、捕获和执行"期望状态"，从而帮助确保正确的人有正确的数据访问权限。

7.5.6　角色模型基础

角色模型有多种定义方法。其中，较为常用的方法是采用基础双层模型，以便把用户的业务职责（人格与实际工作）与其功能访问匹配起来，如图 7-6所示。

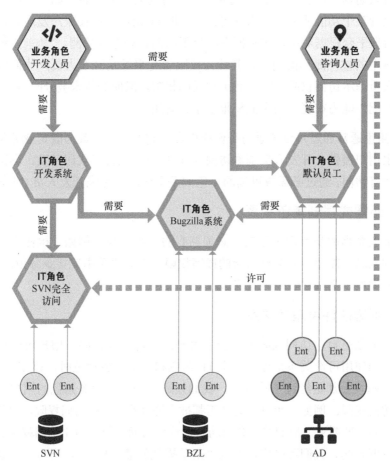

图 7-6　典型的双层角色模型，具有角色可选和强制分配关系

1．业务角色

一般来说，业务角色代表着工作职能、头衔、人格或职责。它们通常与组织结构相关联，根据用户在业务中的职能（如财务分析员或应付账款文员）分配给用户。业务角色是抽象的、逻辑上的人员分组，同一分组中的人员应该拥有类似的访问权限。它们通过角色定义上的身份属性匹配规则自动直接分配给用户。比如，使用职位名称或部门等身份属性，根据用户的身份和工作内容，将一组身份汇聚在一起。

2．IT 角色

IT 角色封装了多组系统权限。它们与应用程序或目标系统内的实际权限（可能包含特权访问）相关联。它们代表了用户访问的实际状态，如一个账户、一个权限或执行某个功能所需的一组许可。用户的 IT 角色可以在账户发现和聚合过程中，由治理平台根据对用户实际拥有的权限的监视来进行检测。"售前工程师"就是一个典型的被检测到的角色，其访问权限看起来像是开发人员，他们似乎拥有与开发人员基本访问权限（IT 角色）相同的权限，但他们从未被分配该实际角色。这种"匹配"能力在复杂的企业权限中十分有用。

IT 角色通常通过角色关系与身份连接在一起，并通过其与既定业务角色的关联向一组用户提供。开发人员基本访问（IT 角色）包含了代码开发、测试和签到所需的所有访问，通过必需或可选的角色关系来分配给运维开发人员（业务角色）。

3．必需或强制角色关系

必需关系指的是特定角色的人必须拥有的一组访问。例如，担任应付账款业务角色的人总是需要具有会计系统的读写权限。必需关系由连接业务角色和 IT 角色的关系类型定义（包含权限定义）。

4．可选或许可角色关系

许可关系是自主访问权限的集合。对于这些许可或权限，用户可以有但不是必须有。当使用可选关系来连接一个 IT 角色和一个业务角色时，该 IT 角色中定义的权限基本上都是经过预筛选的，我们知道一个拥有业务角色的用户可以被允许拥有访问权限。例如，也许所有员工都被允许拥有 VPN 访问权限，但除非是他们或他们的经理要求，他们并不会自动获得这种访问权限。自主访问权限有助于防止权限过度分配。我们可以将其看成"基于模型的最小权限"，它可以帮助业务和 IT 团队一起工作，以更好地理解访问的生命周期。

7.5.7　工程、发现和分析

围绕着角色发现和定义使用"工程"一词是有原因的。如果使用得当，角色会成为整个治理过程的关键部分。定义和验证角色确实是一项工程，也是一个持续不断的过程，这个过程需要有熟练的从业人员、智能工具和可靠的基础设施。一个有效的治理平台会提供一系列工具来帮助做发现和分析工作，但是它也必须依赖熟练的工作人员，并且要求工作人员对有关应用程序、网络和基础设施环境有深入的理解。所需工具包括但不限于下面这些。

- **权限分析和搜索**。一个角色工程项目最常用的是权限分析和搜索。通过访问权限目录（显示权限上下文和含义），以及当前状态的整体情况（通过汇总和创建身份仓库），角色工程师可以进行特定的搜索和查询。只要"看见"数据并与业务参与者分享这些数据，就能对整个角色工程有很大的帮助。

- **自动角色挖掘**。角色挖掘是指分析 IG 系统中发现和收集的数据。它使用模式匹配算法和对等组分析技术来寻找相似、访问和异常值的集合。角色挖掘的结果有助于我们确定要创建哪些新角色。在双层角色系统中，IG平台应该提供自动角色挖掘功能，以便创建业务角色和 IT 角色。业务角色通常按照按业务功能（包括功能层级、项目团队或地理位置）对用户进行分组的方式来建模。IT 角色一般会对应用程序权限（或许可）进行逻辑分组，以便简化访问。业务角色挖掘有助于根据身份属性（部门、成本中心或职位名称）创建组织分组。业务角色挖掘应支持多种配置选项，以协助用户生成新角色。挖掘过程完成后，新角色会被添加到系统中进行生命周期管理。

- **对等组和身份图谱**。对等组分析是在经典发现方法的基础上衍生出来的，其目标是构建对等组数据图，以及利用更广泛的数据集（通常包括实际使用的数据）。后文中我们将进一步讨论角色生命周期对等组和数据图的有关内容。

- **手动创建角色**。很多企业在创建角色的时候还是喜欢使用人工手动的方法。这种传统的纸笔做法涉及业务分析技术，可以梳理出访问模型的共性。因此，重要的是，IG 系统有必要提供一种易于使用的图形化方式，以便把角色手动输入到系统中，或者使用某种形式的角色导入设备批量输入。

7.5.8 角色生命周期管理

使用企业角色，就必须管理它们的生命周期并控制其完整性。如果角色定义了访问，我们就要随时间和跨域来管理这个定义。角色定义需要认真维护，并在一个已知的控制周期内重新验证。一位从事安全工作的专业人士曾说过："控制好安全配置，否则就会被对手控制。"这意味着我们要定期对业务角色和 IT 角色定义进行角色组合再核准，并严格控制变更，以及进行版本管理。

要管理好企业角色，首先要了解权限。要了解角色权限，意味着对所有权有一个明确的定义。在实践中，这意味着在模型中有类似角色所有者这样的元数据，但也能扩展出更复杂的东西，比如限制角色导入和共享。我们会经常看到这样的示例：当完整的角色模型定义被委托给外部无关系统时，IG 系统会负责完整分配生命周期和治理。如果没有模型，就没有完整性。因此，要确保模型是由 IG 系统管理的。是的，就是这么简单，却又如此重要。

7.5.9 企业角色相关提示与技巧

在 IG 项目中，成功部署角色并非易事。理想很丰满，现实很骨感。角色是 IG 的一个重要部分，想要做好就需要向有经验的从业者寻求帮助和咨询。下面的一些最佳实践有助于 IT 或业务人员设计并实现一个成功的企业角色解决方案。

● **采用务实的做法**。把企业角色工程看成一个持续的过程，而非一个一蹴而就的项目。不要指望它一开始就能实现 100%的覆盖率。一个全面的角色解决方案可能需要几个月甚至几年才能完成。从人员流动率高、用户访问要求简单的业务领域开始，一路积累经验，分步或分阶段实现角色是比较现实的，也是可以接受的。

● **了解你要完成的任务**。你想让核准变得更简单吗？如果答案是肯定的，那么你应该把重点放在评估和模拟当前访问上。你的目标是让访问请求更容易吗？那么你可能要把精力放在角色的使用上，帮助用户更容易地找到和选择他们请求的角色。因此，需要明确你要实现的目标与理由。

● **寻找角色类型分组**。使用自动化业务和 IT 角色挖掘与权限分析技术来识别访问的模式和组别，这些模式和组别可以很容易地被捕获并建模成角色。

- **执行最小权限**。定义好角色，确保用户不会得到不需要的访问。设置支持最小权限的角色是降低安全风险的最佳实践，有助于阻止恶意意图和用户错误。这会成为防范特权攻击向量的基础。

- **异常情况**。在大多数企业中，很难或不可能完全避免个人权限分配的问题，尤其是在 IT 部门等有很强专业化访问需求的地方。千万不要以为，所有权限和所有访问模式都要强行放入角色模型。

- **让角色可复用**。如果整个组织中只有一个人被分配了一个特定角色，也许这个访问根本就不应该基于角色来管理。一定要确保所定义的角色适用于群组。要避免角色激增，就必须对角色的覆盖范围和分配进行仔细的工程限制。一个小巧的、控制良好、使用广泛的角色模型，远比一个没人懂、没人用的庞然大物要好得多。

- **让业务专家参与进来**。组织内了解业务的人往往是参与业务角色和 IT 角色发现过程的最佳人选。他们往往更了解访问模式，以及角色模型的用法。

- **测试并验证你的角色**。与所有关键应用程序一样，角色也需要做测试和验证，甚至还要做更多。如果一开始定义的角色不太理想，并将其投入到了生产中，最终会导致很多用户不能获得他们需要的访问权限，或者得到的访问权限多于他们所需要的。如果发布的角色结构没有经过正确的设置和测试，会为后期工作带来很大负担。

- **制定角色维护流程**。角色在不断发展变化，需要时刻保持角色处在最新状态。对角色进行定期核准与审查，确保它们保持最新和最准确的状态。对角色组和角色成员进行定期核准应该成为当前计划的一部分。同时还应该说明，当不再需要这些角色时该如何收回。保证角色定义的准确度和最新非常重要，不然很可能会让自己成为身份攻击向量的受害者。

7.5.10 角色的未来

随着系统和数据访问的激增与分散，理解人与人之间的相似性和寻找异常值变得越发重要。传统角色模型支持的是一种跨已知用户群（对等体或人格）的预

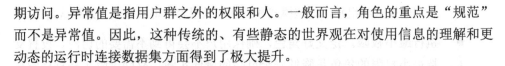

期访问。异常值是指用户群之外的权限和人。一般而言，角色的重点是"规范"而不是异常值。因此，这种传统的、有些静态的世界观在对使用信息的理解和更动态的运行时连接数据集方面得到了极大提升。

未来的企业角色应通过构建身份图谱得到进一步增强，身份图谱以向量方式表示身份、访问和使用信息之间的关系。通过对等组分析和一系列的图谱算法，我们可以对范围内的人群进行建模，实施更加细化和动态的异常值分析过程。这一过程为角色建模过程提供了必不可少的输入，并为治理过程中的预测性的总体方法奠定了基础。这为角色工程和生命周期管理带来更大的可能性，也将成为企业角色领域头部厂商的重点发力方向。

7.6　治理非结构化数据

在 IG 领域，获得对非结构化数据的控制显得越来越重要。大家都明白什么是数据，但这里我们说的非结构化数据到底是什么意思？术语"非结构化"是指这些数据不具有可预测的形式或结构，例如，包含个人身份信息（Personally Identifiable Information，PII）的 PDF 文件（存放在文件系统或共享网盘中）。这些数据往往存在于企业的治理监控下，其访问控制模型通常与应用程序层面的治理控制和监督不同步。

7.6.1　改变问题的范围

文件类型的非结构化数据的存在数量惊人。在某一个组织内就可能有几十万甚至上百万个非结构化数据项。这些数据是否得到了充分的分类、监测和控制？安全管理工作人员是否了解非结构化数据常用的有效访问模式，以及这些数据是否能与赋予其他用户群的访问模式进行统一管理？答案可能是否定的。

事实上，大多数组织缺乏正确处理非结构化数据的基础设施和最佳实践。许多企业缺少创建可见性的工具，无法对非结构化数据进行定位、分类和梳理。大多数企业还缺少定义相关者所有权和管理其生命周期的控制措施。很少有企业拥有可定义和维护合规性的工具，而且大多数企业还缺乏在发现安全问题后进行补救的能力。这正是企业级 IG 解决方案需要帮助其解决的问题。

7.6.2　文件访问治理能力

现在，一些企业级身份管理解决方案提供了一整套的管理功能，可对含有敏感信息的文件进行治理。表 7-3 列出了大多数组织需要的一些治理功能。

表 7-3　组织需要的治理功能

功能	用途
数据发现和分类	根据关键字、通配符、正则表达式和元数据以及用户访问文件的方式发现敏感数据
许可分析	评估用户对数据的访问以及数据的授权方式。通过分析来显示访问模式和无效或过度暴露的许可
行为分析	根据访问数据的组或部门对文件夹进行分类
数据归属选择	利用工作流和业务流程技术，通过征集数据用户的输入，准确地确定和选择适当的数据归属
合规策略	设计预定义策略，加速符合 PII/PHI 相关的合规要求，如 GDPR 和 HIPAA
数据访问请求	使数据所有者能够通过丰富的身份背景更智能地响应数据访问请求
数据访问核准	有效和准确地应对审计，进行自动访问审查和核准
实时活动监控	追踪用户活动以获得更好的安全洞察力，通过自动提醒和响应实时监控违反访问策略的情况

这些功能现在正成为大多数 IG 项目的基本要求。我们应该把上述功能作为身份和访问治理平台的简易扩展组件进行提供与部署，应当把对结构化和非结构化数据的访问结合在一起，创建一个统一的方法，构建一套结构化和非结构化数据通用的生命周期控制流程。这样才能更好地实现合规目标，并确保身份攻击向量不会影响组织中的潜在的敏感信息。

7.7　自助服务与委托

自助服务和委托是体现 IG 项目商业价值的重要部分。智能自助服务能够帮助降低企业管理成本，改善安全流程，以及提高最终用户的满意度。对最终用户来说，智能手机在相当大的程度上已经改变了人们获取服务的方式。现在每个人都希望能找到企业自助服务项目的目录和一套按钮式的交付模式。单从成本管理角度看，自助服务一般意味着更低的总体拥有成本（Total Cost of Ownership，TCO），所以在现代 IT 环境中，以自助服务方式为主导是公认的最佳商业实践。

在 IG 的治理框架下，现在已经有了一套公认的生命周期管理功能，这些功能首先是面向自助服务的。在本节中，我们将讨论 IG 自助服务在更普遍的 IT 自助服务交付策略中的地位和方式。项目成功与否的关键在于是否为 IG 和信息技术服务管理（Information Technology Service Management，ITSM）的整合设定了一个明确的方向。我们先解释主要的整合方案，并提出一些最佳实践建议。本节最后，我们将深入探讨访问请求、密码管理和账户控制等主要的 IG 自助服务项目。

7.7.1　整合 ITSM 和 IGA 自助服务

下面我们从自助服务的正式定义开始讲起。市场领先的 ITSM 供应商 ServiceNow 对自助服务的定义如下。

> 自助服务是指一种服务使用者无须寻求支持就能解决自己的问题、满足自己的需求的能力。自助服务解决方案涵盖从使用简单的常见问题（FAQ）页面、知识库文章和服务目录到复杂的机器人聊天会话。

这是一个很宏大的自助服务图景，其中最重要的问题是，确定逻辑访问请求和服务开通放在哪里？IAM 自助服务项目只是在一个全局 ITSM 目录中多出来的一些东西，还是应该是要独立进行逻辑访问？遗憾的是，这个问题没有一个明确的答案。不同的业务驱动因素、不同的产品能力，以及传统 IT 历史的影响，都会导致每个组织根据 IG 和 ITSM 的不同点划定界限，具体如下。

- **上下文启动集成**。在身份治理和 ITSM 的集成过程初期，通常采用基本的上下文启动方法。这意味着把单一服务项目（信息技术信息库（ITIL）的正式术语，指的是作为自助服务向外暴露的部分）放到 ITSM 目录中进行逻辑访问。然后，供应商提供的集成方案把自助服务请求者加载到 IG 平台的用户界面（在一个框架或窗口中）。这种整合也能提供单点登录（SSO）会话上下文，并可以深度连接到 IG 产品的服务目录中。

  这么做的好处就是简单，而且两个产品都能在自己的生命周期中向前演进。但这种整合模式只能实现松耦合，无法形成高内聚。这两个平台之间相互不可见会带来很大问题。即使合作供应商已经尽力，但由于用户模式的转变和缺乏真正的耦合，最终会导致在可见性和功能上产生鸿沟。

- **传递式开通**。我们也看到了许多基于完整传递模式的 IG 和 ITSM 的成功整合示例。在这里，一套高价值的访问开通服务被打造成 ITSM 平台中的 "一等" 服务项目，治理服务可以作为一个有效可信的执行引擎进行实际使用。传递模式通常意味着所有审批行为和所有控制都在 ITSM 产品范围内。通常情况下，IG 开通发生时，在该系统中没有工作流或任何形式的交互式审批。

  这样做的好处就是 ITSM 方面保留了完整的审批可见性。这种整合模式很适合于暴露少量定义明确的服务，一般是密码重置和少量新的访问开通行为。它的缺点在于范围小（少量服务项目），而且传递式开通在某种程度上违背了 IG 中设立单一控制点的初衷。

- **动态目录集成**。随着 API 和集成能力的提升，现在这个领域的一些供应商提出了更为详细和全面的集成模式。在这里，目录项目的动态交换、审批流程和执行进度都是实时进行的。IG 团队建立 "可请求单元"，并做标记以便发布在 ITSM 目录中。一个可请求单元有一个精心管理的组合和一套实施步骤、定义好的所有权、确定的审批步骤，以及一套完整的跟踪元数据（用于推动双方整合）。然后，同步技术使可请求单元在 ITSM 系统中作为单独的服务项目进行提供，双方能够追踪请求从审批到实现的进度。

  显然，这是一个功能齐全的集成范式。它受益于完整的运营方式和更灵活、更全面的集成模式。不过，这种级别的集成只有少数合作供应商能够提供，而且价格不菲。

7.7.2 自助服务访问请求

自助服务和委托访问请求是大多数 IG 项目的基本要求。当企业用户需要访问一个新的应用程序或服务时，他们会进入身份和访问服务门户，搜索所需访问。一般都是先把项目添加到某种形式的购物车界面中，然后完成相应的审批和控制后，自动开通服务访问。这个看似简单的过程有一些细微又重要的差别，具体如下。

- **管理可请求单元**。在一个庞大的企业生态系统里，可能存在大量可请求的服务或单元。我们把一个可请求单元定义为一组有清晰访问权限和满足要求的服务项目。有时，这些可请求单元是封装在企业角色定义中的大量访问。另外一些时候，可请求服务可能是一个单独的权限，如特定活动目录组的成员资格或对受管共享文件单个数据的访问权限等。每一个可请求单元都在 IG 系统中被仔细编制，并且已经建立了履行义务，定义了审批流程，建立了预防控制定义，而且（也许最重要的是）已经被分配了正确的业务元数据，使其对请求群组有了意义。

IG 平台的职责是在系统的生命周期内发布和维护这些可请求单元。我们必须管理它们的组成和实现结构，并确保所定义的控制（所有权审批、策略检查和追踪元数据）保持在准确和最新的状态。

● **搜索和对等体组推荐**。将请求合理化并不容易。为此，企业级治理平台都提供强大的过滤和搜索功能。允许最终用户（或他们的委托人）通过搜索应用程序、权限和数据元数据（关于数据的数据）来寻找是一项符合预期的功能。

对等体组搜索和自动推荐正成为 IG 的关键需求。借助人工智能和机器学习算法，下一代治理平台可以为访问请求过程提供实时感知功能。允许提出请求的人在"看到"他人已经有或正在请求的东西时，可以提供有效的用户视角，提升控制能力。了解局外人请求或提出对等体组权限建议，这极大简化了请求体验，并允许定义和实施更加动态的预防控制。

● **委托、能力和范围**。特别注意访问请求的范围和委托能力也是明智之举。提升 IG 项目运行效率的一个重要部分是允许委托方（即业务人员、经理、人力资源人员、项目负责人和服务台）为特定人群提出请求。

为了支持安全和可审计的访问请求方法，治理平台必须提供广泛的委派和范围界定能力。可请求单元的范围应该界定好，使得只有定义好的委派组（或个人）才能看到及提出请求。整个请求目录模型必须足够灵活，以便定义复杂的委托层次，把正确的请求功能赋予正确的人。这就是业务线中项目负责人以可控和可审计的方式负责分配敏感的细粒度的权限方式。

● **数据驱动控制和治理叠加**。审批工作流是治理的"硬通货"。通过动态且由数据驱动的审批流程来支撑访问请求目录十分关键。审批工作流应该由可请求单元和应用程序元数据驱动，而且要嵌入委派模型中，而不是硬编码到审批工作流代码中。这看起来在技术上有细微差别，但经验表明，是否能正确处理这个问题是影响整个 IG 系统长期成本和维护的最重要因素。

如前所述，防御性策略的执行是访问请求的核心原则。在提出访问请求时，执行职责分离控制是一项基本要求。随着以身份为中心的人工智能解决方案的发展，以及对访问请求流程的支持，这些工具还可以提供动态的对等体组分析，以帮助叠加更多基于行为规范和访问请求基线的实时控制。

- **请求追踪和管理**。最后，正如系统管理中经常出现的情况一样，可见性是关键。整个访问请求流程必须有足够的监控和追踪，必须提供有意义的指标。系统必须提供嵌入式工具，使每个相关人员都能在适当的情况下全面了解是谁提出的请求，以及这些请求在整个执行过程中的位置。这种跟踪和管理数据可用于详细报告服务的使用情况，并为随着时间的推移不断调整服务定义（可请求单位）提供必要的依据。错误的报表或把访问权限赋予错误的用户也被认为是另一种身份攻击向量，它是造成内部人员威胁和风险的潜在原因。

7.7.3　密码管理和账户自助服务

所有拥有线上账户的人都会明白密码管理和账户自助服务的价值。谁没有忘记密码或登录失败的经历呢？安全地重置自己的密码或解锁自己的账户是提升最终用户体验的重要内容。一个成功的密码管理解决方案可以提高业务的敏捷性，并从根本上降低运营成本。据行业分析师估计，在所有 IT 服务中心的请求中，有40%的请求与密码更改请求有关。而且，像邮箱这样简单的系统在没有使用多因子认证（MFA）的情况下受到威胁行动者攻击后，一个简单的"忘记密码"请求就可以让一个攻击者只需点击"忘记密码"即可接管你的整个身份。这可以成为一个重要的身份攻击向量。提供安全、可靠的密码恢复功能，并通过叠加对流程的控制、治理和监督可降低这种风险。

第一代密码管理解决方案的缺陷在于常常把关注点放在不同系统间密码的同步技术上，而非业务用户的实际需求上。现代密码管理方法提供了完全自动化的密码恢复和重置功能，其中用到了大量开箱即用的密码策略和多因子认证功能。

随着越来越多的业务应用程序和系统迁移到云端，企业需要扩展现有流程和技术，以保持所有系统和应用程序的合规性与安全性。企业级密码管理服务为所有用户（包括员工、合作伙伴、承包商和供应商）提供了一个安全的自助服务平台，用于在云、SaaS、内部应用程序和系统中解锁账户与重置密码。显然，这必须以高度安全的方式进行，而不能简单依靠选择"忘记密码"和发送电子邮件或短信息等简单技术。两者都已被证明非常容易受到网络欺骗和其他攻击向量的攻击。

第 8 章
满足合规性要求

组织要想管理风险更为有效，就必须在满足合规性要求时兼顾到可持续性。作为一种安全驱动的合规方式，也就是说如果组织合规了，也就等于安全了。安全必须有可持续性，才能确保安全。如果只是为了通过 SOX 或 FISMA 的审计，就有可能无法应对逻辑访问风险或安全要求。有效管理用户访问风险，需要付出大量努力，不是点选一下合规复选框就行了。合规的目标应该是实现可持续的安全透明度和风险管理，防范组织内部真实存在的安全威胁。

表 8-1 所示为美国各个组织的通用合规性要求。这些合规性要求的目的是为了防止违规、欺诈和过失行为危害组织安全。

表 8-1　美国各类组织的通用合规性要求

法规	有关组织	关注点	信息安全要求
萨班斯-奥克斯利法案（SOX）	所有在美国交易所交易的上市公司（包括跨国公司）	信息完整性	确保财务信息的准确性和生成系统的可靠性。第 404 条要求管理层每年对内部控制进行评估，并获得外部审计师的证明
安全管理法（FISMA）	联邦机构和附属机构	信息完整性	开发、记录和实施方案，以确保支持机构业务和资产的数据与信息系统的安全
通用数据保护条例（GDPR）	在欧洲联盟开展业务的所有组织	隐私	保护消费者的数据不被盗用，防止欺诈。发生违规事件时，应在 72 小时内通知所有相关方，并根据要求"忘记"客户数据
支付卡行业（PCI）数据安全标准	所有存储、处理或传输持卡人数据的会员、服务提供商和商家	预防欺诈、隐私	满足数据保护、访问控制、监控、入侵保护等方面的 14 项信息安全要求
健康保险可携性和责任性法案（HIPAA）	美国的医疗服务提供者、付款人、票据交换所及其业务伙伴	隐私	保护个人身份健康信息的安全和隐私，防止未经授权的访问、更改、删除或传输

续表

法规	有关组织	关注点	信息安全要求
格雷姆-里奇-比利雷法案（GLBA）	在美的金融机构	隐私	建立行政、物理和技术保障措施，保护消费者金融信息的安全性、保密性和完整性
北美电力可靠性委员会（NERC）	北美洲所有负责规划、运营和使用大宗电力系统的实体	关键基础设施的保护	保护对大宗电力系统的可靠性至关重要的工厂资产，包括监控、访问控制和变更/配置管理
加州参议院法案（SB）1386 和其他 46 项州法规	存储个人数据的组织	隐私	当个人数据丢失或被盗时，提醒个人

采取正确的合规满足方式，可以让组织把用户访问管理作为一个持续过程而非一次性审计事件进行管理，毕竟一次性审计事件对支持可持续的安全计算环境意义不大。

8.1　持续合规

为了积极应对合规性要求，许多组织希望通过 IG 来定义和管理整个流程。作为一项跨组织部门的企业能力，IG 提供了加强控制和保护信息资产所需的智能与业务洞察力。通过 IG，组织可获得一个全方位的控制平面，有效解决"谁能访问什么"的问题。这个控制平面提供了一套流程和追踪透明性，可以降低潜在的安全合规性风险。

IG 还可以帮助组织用自动化工具取代纸质的人工流程，从而提高效率。组织不仅可以显著降低合规成本，而且有助于建立一个可重复的流程，随着时间的推移，这个流程会变得更加一致、可审计和可靠。采用自动化方法有助于向合规性工作流程中引入可预测性、可重复性和可持续性，同时改善最终用户的体验和整体满意度。

8.2　建立一个可重复流程

表 8-2 所示的步骤描述了实施 IG 的基本方法和时间计划。成功的关键是定义

可衡量的步骤，在所有身份识别任务和活动中建立可重复、可持续的合规流程。表 8-2 所示为实现这一目标常用的最佳实践步骤。

表 8-2　可持续合规和 IG 的最佳实践步骤

1．评估当前状态	2．构建治理模型	3．自动化检测性控制	4．自动化防御性控制	5．对所有变更进行闭环审计
汇总和关联身份数据	定义策略模型	访问认证	访问请求管理	汇总数据
开展基线访问认证	定义角色模型	策略检测和补救	密码管理	身份异常
	定义风险模型		自动化开通	提供合规证明

第 9 章

失 陷 指 标

　　许多解决方案会提供失陷指标（IoC）。有的会给出资产的 IP 地址，有的能够检测到恶意软件，有的还能发现用户异常行为模式。所有这些都可以归入本书前面讨论过的网络安全的三大支柱。IoC 主要是为了找出环境中出现异常的时间、迹象，以及从恶意软件到内部威胁的根本原因。基于此，创建 IoC 主要包含以下 4 个方面：

- 分配给身份的权限被误用或劫持；

- 权限分配不当及潜在滥用；

- 在既定的 IG 控制和监督之外进行的任何访问和权限变更；

- 误用 IG 系统本身而损害环境。

　　基于上述 4 个方面可生成两种类型的 IoC 分析。一种是解析一个身份的权限及其在每个资源上的相关账户，并记录其权限以进行核对。另一种是基于用户行为。IoC 分析会对一个身份及其与资源的互动进行主动分析，进而确定其行为的风险性。本质上，这其实是在提出疑问：用户的行为与其角色是否匹配？是不是用户本人在使用这个身份，还是他们的身份已经被泄露，或是访问权限被滥用了？当最终用户从理论层面接受这些概念时，就会意识到，虽然用来简化 IG 最佳实践的技术已经有了，但如果不遵守我们之前讨论过的那些补充的最佳实践，实际落地的差距往往会使结果不尽如人意。而这些都会以账户创建和命名的形式体现出来。

　　下面我们假设一个典型的用户身份进行举例。还是拿 John Titor 这个人为例，毕竟他被确定是一个从事身份盗窃的威胁行动者。

　　在活动目录（Active Directory，AD）中，John 有一个与他相关联的用户名。这个用户名允许他访问 Windows 资源和任何其他通过活动目录联合服务（ADFS）

或通过其他单点登录（SSO）系统连接的解决方案。

John 在 AD 中还有一个辅助账户，允许他作为技术支持的成员，以管理员身份行使高级权限。也就是说，John 有两个与他的身份相关联的账户，这两个账户都必须映射到他的身份，以便追踪用户活动和权限使用情况。

如果再把他的 macOS、UNIX、Linux 和其他基础设施的访问权限添加进来，就可以将与 John 相关联的账户和权限的数量增加到数百个。这样一来，将一个 IoC 与其正确的身份相匹配就变得十分困难，难以执行，尤其是基于最佳安全实践把用户名采取了模糊化处理，不使用实名。比如，John Titor 的用户名可能是 "jtitor"，这个就很容易识别，但有些组织基于合规或最佳安全实践，可能会选择另一种模式，在无外部参考数据库的情况下，用户名与真实身份的关联会非常困难。上述问题可以由 IG 解决方案中的账户和权限映射功能得以解决。

在我们的例子中，John 的模糊化用户名可能是 "NY2036"，而他的管理员账户可能是完全不同的另一个。这说明任何发现的权限或用户行为与其准确身份进行映射是十分复杂的。IG 工具可以帮助发现 NY2036，但是在发现 IoC 时，必须先将其手动链接到 John 这个人，这样后续取证工具才能有效地使用它。

作为一种最佳实践，为简化把身份映射到账户的过程，并且使 IoC 更易发现，建议各组织尝试：

- 使用 IG 解决方案维护一个完整的账户与用户的映射关系；
- 尽量减少与身份有关的服务账户数量；
- 使用目录桥接与一个集中的权威来源（如 AD）进行身份验证；
- 避免与多个身份共享凭据（尤其是管理员或 root 账号）。

另一个难点是实现的本身存在两面性。我们可能知道一个身份应该做什么（权限），实际做了什么（会话监控），但恰如其分地叠加在一起绝不是易事。

例如，如果 John 是高级数据库管理员（Database Administrator，DBA），他应该有权限在数据库资源上运行任何命令，如进行维护、升级和备份，并解决问题。再比如，John 可能有一个初级 DBA 同事 Larry。作为 John 的下属，Larry 不应拥有和 John 同样的权限。但如果 John 和 Larry 作为两个身份却共享同一个账户，那么我们可能无法确定是谁（在无调查取证的情况下）实际运行了这些命令，以及

这些命令是否正确。最重要的是，这些命令是否恰当。

John 和 Larry 不能有相同的权限，但如果他们共享相同的账户，他们就有相同的权限。这就引出了组织应该遵守的最佳实践，具体如下：

- 每个身份都应该有与之相关的唯一账户，无论何时何地都不应该共享账户；

- 一个身份的权限应该与特权访问管理系统中的真实用户行为相映射；

- 应把用户行为映射回权限（双向映射），以确定行为是否合适。

把身份作为一项 IoC 可能是一件很复杂的事。虽然说起来很简单，但大多数组织内的账户实现方案已经把这个过程大大复杂化，而且很有可能会成为发现威胁的障碍。安全团队必须能够使用它们的 IG 解决方案将所有账户映射到一个身份上，并在此过程中创建一条清晰的路线来找出不合适的行为。

第 10 章

身份攻击向量

身份攻击向量会影响到任何一个与身份有关的人、应用程序、账户、密码与权限等。否则，我们就没必要写这本书了！我们需要突破传统的 IT 安全防护思维来考虑传统端口、协议和服务这些攻击面。身份攻击向量的风险面不仅存在于网络世界，在现实世界也同样会发生。传统的纸质通信如邮政信件，或普通电话系统仍然会成为社会工程攻击手段。

然而，身份攻击本身相当简单。威胁行动者希望找到一种方法来攻击身份，冒充他人身份以实现自己的恶意企图。他们要做的就是从访问你的一个账户开始。如果刚好遇到了特权账户，那么从一开始就等于彻底失陷了。威胁行动者的目标是最大程度地攻击你，尽可能沿着账户链条来冒充你。换言之，他们就是想做电子冒名顶替者。威胁行动者的目标是破坏人与身份之间一对一的关系，然后破坏身份与账户关系的完整性。所以，风险面包含了破坏这些关系的各种方法。这种威胁模式既适用于物理身份，也适用于电子身份。

一旦威胁行动者能够成功冒充你，他们就可以用你的账户进行认证（假设你的授权没有受到限制）并拥有你的身份。然后，如果攻击者能够执行你有特权执行的任务，借助其他攻击向量，他们有可能提权到管理员或 root 权限。因此，我们需要维护一个完整的身份和账户的映射关系，并必须知道如何把它们用在 IoC 中。

10.1 方法

威胁行动者会利用什么方法窃取你的身份呢？在数字世界里，首当其冲的是账户。他们通过漏洞来窃取相关凭据，然后利用资产或特权相关的攻击向量对账户进行攻击。

在现实世界里，恶意攻击者会通过社会工程、邮件诈骗、窃取身份证明，甚至欺骗你进行口头或书面的操作确认。攻击者窃取了你的物理身份后，可以用你的身份进行虚假贷款、开立信用卡，甚至购物等操作，与此同时，物理身份遭到窃取后通常会在攻击链的某个环节上转化为数字化形式。只有类似穿戴制服、佩戴工牌这种最原始的身份冒充，才会只将身份窃取留在真实世界中。如果威胁行动者同时窃取了你的电子身份，那么他们所能造成的损失就会很严重。斯诺登事件就展示了这一电子身份攻击的后果，基于当时可信的内部人士身份，他实施了攻击。他不需要进行任何现实世界的冒充，就能窃取到所有信息。当然，他确实还是从他的同事那里进行了凭据窃取。

威胁行动者会运用如下方法来利用身份风险面。

- **电子类**

  ➢ **漏洞利用**：软件缺陷可能导致账户被攻击，从而丢失所有权限。

  ➢ **错误配置**：配置错误会被攻击者利用，以劫持或创建账户。

  ➢ **特权攻击**：针对脆弱账户的凭据和密码攻击，会使威胁行动者获得相应权限。

  ➢ **社会工程**：滥用电子手段以获取敏感信息为目标的行为。

- **物理类**

  ➢ **冒名顶替**：为了获得非法访问，在现实世界中冒充另外一个人。

  ➢ **文件伪造**：伪造实物文件，使目标对象处于被攻击状态，诱导目标对象提供信息。

  ➢ **语音**：口头命令或响应式社会工程行为，一般通过电话或监听麦克风进行，用以获取敏感信息或非法权限。

  ➢ **生物特征**：窃取和恶意使用生物特征数据，对其他数据集进行访问或破坏。

上述这些方法都并非十分高深的手段，却是导致出现各类风险的基础，而且所有这些都可以链接到一个身份上，并成为一个攻击向量被攻击者利用。

10.2 手段

目前，威胁行动者大批量泄露账户的地方首推暗网。在暗网，非法获取的信息（账户名、密码和配置信息）以原始数据的形式在犯罪分子之间进行交易，甚至作为一种服务，有针对性地对更多数据进行渗透。这些信息中可能有用户身份的细节（如地址和电话号码），不过幸运的是，目前还很少看到能将某个身份与多个账户链接起来的完整的身份档案信息。一旦完成了这种映射，像电子邮件地址这样的字段就可以提供所需的关联规则，而基本的身份属性则可以为威胁行动者提供所需的链接，他们就能拥有你在工作或生活中的身份。

个别攻击可能是碰巧或有针对性的，但大规模攻击一般都是受某种经济利益驱动的，因此，那些已经失陷的账户往往会成为重点攻击对象，用来窃取额外数据或进行恶意勒索。身份盗用手段主要分为以下几种。

- 威胁行动者通过可用的任何手段（包括带有用户详细信息的定向攻击）每次定向攻击一个人。

- 有预谋的批量攻击，比如使用凭据填充或暴力破解等技术入侵失陷账户。

- 以供应商和供应链、承包商和临时工为目标，或者简单地模糊外部可用的 API（基本上是攻击组织外部可用和可访问的任何东西），并且由于存在不安全的凭据操作或休眠账户而很容易受到攻击。

上述这些手段同时适用于内部威胁和外部攻击。综上所述，威胁行动者最常用的入侵账户并扩展到整个身份的方式有以下几种。

- **恶意拦截**：通过电子邮件、网络，甚至短信等电子方式传输时的密码会被拦截，包括短信克隆、SIM 卡劫持或其他形式的劫持和中间人攻击。

- **暴力破解**：使用字典或其他相关的密码库（通常称为"彩虹表"）自动猜测密码，目标是密码复用。

- **搜索**：手动或电子搜索存储在不安全文件、脚本或其他不适当的电子媒介中的密码。这属于敏感、非结构化数据滥用的范畴。

- **人工猜测**：基于对社会工程和身份的了解，威胁行动者会尝试人工猜测一个账户的密码。

- **社会工程**：威胁行动者利用人与人之间的信任和社交手段来欺骗身份，使其泄露凭据或其他敏感信息。

- **窃取密码**：窃取存储在纸质或其他非电子媒介上的不安全密码。这可能是张贴在会议室白板上的 WiFi 密码，也可以是键盘下的小便签。

- **肩窥**：越过别人的肩膀偷看他们输入的密码。当攻击者控制了用户设备中或办公桌旁的摄像头时，他们也可以通过电子方式进行偷窥。

- **按键记录**：使用恶意软件记录用户正在敲击的敏感按键（包括密码），然后传送给威胁行动者或者由威胁行动者进行提取，以便日后再次使用。

一旦密码被窃取，就会被威胁行动者直接利用，或者放在暗网上出售给出价最高的人。实际上，暗网不过是一些有犯罪倾向的网站的集合。这些网站用户利用服务模式进行交易，购买密码、工具和数据，并利用窃取的信息做违法勾当。无论如何，一旦数据暴露，利用的手段都是一样的，即利用数据窃取更多账户和数据，并将所有权提升到身份层面。

此外，来自某些国家/地区和有组织的犯罪实体的威胁行动者并不完全依靠暗网获取任务情报。它们往往是暗网数据的源头，并且可以在第一时间积极参与攻击以获取非法信息。这些犯罪实体可能会长期持续存在，以实现其目标，同时建立广泛的身份和访问档案，方便日后发起攻击。这些组织通常资金雄厚，它们盗取身份信息的动机并不是金钱。身份治理计划所倡导的发现和核查过程是一种非常有效的方法，可以用来判定既定业务规则的偏差，而且这些规则可以作为 IoC 使用，以抵御这种类型的长期威胁。

10.3 影响

身份遭盗用的影响面相当广泛，甚至会带来十分严重的后果。老年人（通常是消费者身份被盗用的目标）可能会耗尽他们所有的积蓄。对于一个企业来说，这可能意味着大规模的知识产权被盗，甚至为正常经营带来重大财务危机。这些违规事件已经在新闻中出现多年，预计日后也不会完全消失。甚至死者的身份或账户也可能被泄露，使其继承人难以对其遗产进行处置。企业如何处理人员的离职情况成了一个大问题。有些情况不在计划之内，可能会让人措手不及，比如员工突然死亡，或突发如"911"等大规模灾难事件。如果没有一个全面的治理方法，就很难恰当地处理这些情况。如果在突发事件发生后没有对账户和用户进行管理，就会对企业的健康发展和每个相关人员造成长久影响。

通过下面这个例子，我们能看出威胁行动者为实现其目标而采取的行动有多恶劣。最近在南非发生了一起影响深远的数据泄露事件，这起事件具备政府或信用报告服务泄露的所有典型特征。在被盗的数据集中，有一个在一般事件中不常见的用户属性字段——已故状态。这些个人身份信息包含的数据显示了与账户相关的身份是在世还是已故。虽然没有透露他们的死亡日期，但带来了一个非常病态的问题：相比活人，攻击死者更好吗？答案简单却让人不适：是的。

更极端的情况还会出现在那些刚去世的人身上：

- 其银行账户尚未关闭或冻结，其雇主的薪资支付体系还在正常运行；
- 其社交媒体网站可能还可以主动发推送，包括那些用于商业活动的信息；
- 其工作和生活使用的电子邮箱还能正常接收邮件；
- 其手机和固定电话可能正常使用，包括语音信箱；
- 可能没有亲属可以快速管理他们的遗产。

所有上述情况都使他们的资产成为身份盗用者的首要目标。网络犯罪分子可能会抽走甚至清算死者的资产，因为可能没有人在监控他们的资产、服务和资源。在我们所处的互联网金融世界中，黑客攻击死者似乎是一个病态话题，但有证据表明，这类有针对性的攻击正在增加，大多数组织似乎没有针对这些场景提供有效的身份保护措施。对于其他类似的变化诱因，如长期生病、产假、休假等，其影响也是一样的。所有这些长期的状态变化都必须成为治理模型的一部分，以便进行有效的控制和监督，防止出现不受监控的身份攻击向量。

10.4　特权

不管采用何种方法和手段，身份攻击向量都有两种现实影响。无论你作为普通消费者还是在职场中工作的员工，这些攻击都可能会影响你。无论在哪种情况下，攻击者的目标都是获得你的各类权限。先说最坏的情况，假设你的身份已经遭到泄露，也就是说，一个威胁行动者已经拿到了你的账户。即便在没有其他攻击向量存在的情况下，仅仅通过已失陷的账户类型——特权账户、标准用户，或是共享/访客账户，已经足以判断身份失陷带来的损失严重程度。此外，被盗账户的数量，以及它们在财务或法律上的重要性，也意味着要挽回损失可能要付出很高的成本。无论是企业账户还是消费者账户，都是如此。

你的身份所拥有的权限是威胁行动者最感兴趣的。比如你是一名医生，你的身份被盗用，攻击者可能会利用你的账户访问患者记录。在这种情况下，你的权限和你的账户能使用的资源是同等重要的。作为医生，虽然你不是应用程序本身的管理员，但你有权限检索所有患者的敏感信息。这使得你的身份、所拥有的账户和权限成为很有价值的目标，从而让你的身份处在高风险之中。这种情况下，唯一能引发高风险的角色，就只有应用程序的系统管理员或能够访问基础设施支持团队的人员了。无论是谁的"经典"权限身份被泄露，不但应用程序将受到威胁，而且该资源的所有数据和所有用户都会受到威胁。了解这些账户的所有者是谁，并监控他们的访问，是减少身份攻击向量的关键。

因此，你必须了解特权权限，同时确保用户应该被赋予尽可能最小化的特权。通过使用有明确定义的特权管理流程、身份治理及特权访问管理（PAM）解决方案可以解决上述问题。

无论其电子标识（包括远程访问）如何，账户应始终拥有至少 3 种不同类型的账户权限。一个身份可以对应多个账户，而每个账户都应该匹配最少的权限。按照不同的权限颗粒度，最高等级账户（即特权账户）拥有最高级别的权限，而最低等级账户（即无权限账户）没有任何权限，比访客还要低。对于身份攻击向量的第一种情况，如果威胁行动者直接获得某个账户的访问特权，并且这个账户由重要身份所有，拥有管理特权，这对任何一个组织来说都是一个噩梦。第二种情况则相反：如果威胁行动者直接获得了可以为重要身份赋权的某个高级管理员特权，这对任何一个组织来说同样是一个噩梦。第二种情况可以通过终端检测和响应（End point Detection and Response，EDR）解决方案进行管控，而第一种情况通常无法管理，因为它一般被建模为已授权的特权活动。当使用有效凭据，且账户本身已经被认为是特权时，用户行为分析很难判定其是否为恶意活动。

在身份与访问管理（IAM）中，无论是哪种权限，所有账户和相关凭据都会被置于管理之下。这有助于弱化来自上述两种情况的威胁。在特权访问管理（PAM）中，通常只有具有管理特权、root 特权或超级用户特权的账户才会被置于管理之下。从前面结论可知，后者正是威胁行动者要寻找的目标。然而，如果他们能够访问哪怕是较低级别的攻击，权限攻击向量或资产攻击向量也可以被利用来提升威胁行动者的权限。这就从一个事件逐渐演变成了一个全面的漏洞。图 10-1 对权限攻击链进行了描述。

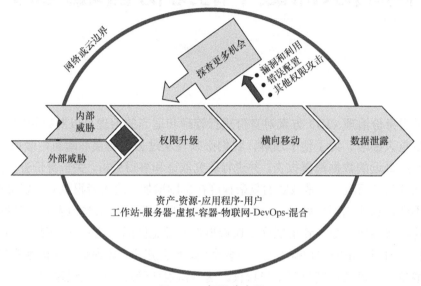

图 10-1　权限攻击链

考虑上述方面，下面是 IAM 管理下的每个用户账户类型的定义。

- **特权用户**。特权用户通常是指资源的管理员或 root 用户。

- **超级用户**。超级用户拥有高于标准用户的各种分级特权，但不具备完全的管理能力。

- **标准用户**。标准用户除了资源的正常运行外，所有权限升级均应无效。

- **访客**。访客是访问的最低形式，通常低于标准用户。访客账户的交互只提供基本服务。

- **匿名**。控制对特定资源的访问，只能使用不对最终用户公开的空密码或密钥的账户。

- **禁用**。被禁用的账户可以拥有任何级别的特权，但明确拒绝与分配的资源的访问和互动。

- **无**。没有任何权限，甚至可能不被定义为身份或账号。

第 11 章

网络杀伤链中的身份管理控制

运用身份治理（IG）方案对身份进行管理和适当的治理可以对组织的安全态势产生重大影响。为了便于理解，我们必须先从过去的错误和疏忽中吸取教训。通过回顾最近的数据泄露报告，并进行研究取证和事后分析，关于身份管理控制，我们注意到了两点。一是威胁的复杂程度在急剧增加。攻击者很执着，资金充足，锲而不舍，总能找到哪里最适合进攻。二是这些取证报告清楚地表明，身份管理的错误和薄弱环节是导致出现许多违规事件的常见原因。这些身份管理上的错误和流程上的弱点是账户控制不力——弱密码、孤儿账户、休眠账户和流氓账户——权限清单脆弱以及过度分配用户特权。这些错误和管理上的失误遍布在整个网络杀伤链中。

11.1 网络杀伤链

网络杀伤链是洛克希德·马丁公司在 20 世纪 90 年代末提出的，通过绘制攻击路径，从头到尾记录一个典型的网络漏洞的解剖结构。在许多方面，它已经成为 20 多年来网络防御思维的参考模型。

网络杀伤链方法有多种衍生形式。本书在前面介绍过一个权限攻击链。下面把这个概念进一步升华，从正式攻击阶段的视角来帮助大家更好地理解身份攻击向量出现在哪里以及有哪些缓解方式。

图 11-1 所示为经过改造后的网络杀伤链模型，我们用它来揭示 IAM 系统（及其控制）的弱点一般出现在哪里。这超出了第 4 章中介绍的身份攻击向量的正式列表范围，主要研究被利用的基础系统和基础设施的缺陷。

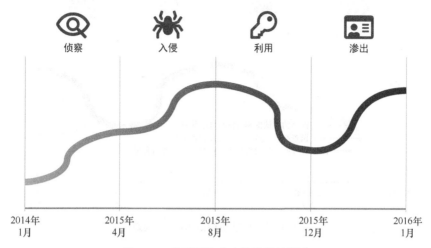

图 11-1　典型网络攻击的阶段性概述

接下来，通过图 11-1 中这条虚构的攻击时间线来看一下现实世界中网络攻击的细节和行为。事实上，这些细节来自最近几份真实的攻击报告，这里我们做了模糊处理。首先，我们先根据时间线理一理事情的来龙去脉。然后回顾时间线，弄清 IAM 如何以及在哪些方面可以助力漏洞预防和检测。该攻击时间线根据 2016 年初发生的攻击事件编制。对该事件和其他类似事件的分析表明，平均一次攻击可以持续 200～300 天。所以，该时间线的时间横跨了两个自然年，从 2015 年 4 月一直持续到 2016 年 1 月。

11.1.1　侦察

为了寻找突破口，攻击者一开始就会进行主动侦察。图 11-2 概述了这一攻击阶段的内容。在网络杀伤链的第一个阶段，攻击者会尽量了解目标，弄清楚如何发动攻击效果最好。开始时，攻击者一般会扫描目标企业所有对外开放的网页和网络资源。

在这个阶段，社会工程也开始了。每一个与公司相关的人员（员工、客户、供应商、合作伙伴等）都会被调查，那些有可能访问企业的人员会接收到铺天盖地的钓鱼邮件。高管和其他高价值员工通常会成为这些鱼叉式钓鱼活动的对象。

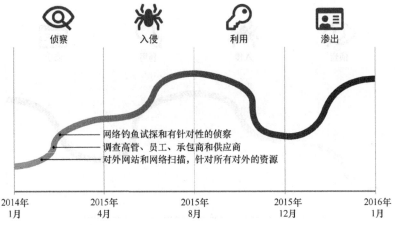

图 11-2 侦察阶段的 IAM 脆弱点

11.1.2 入侵

杀伤链的下一个阶段是入侵，相关内容在图 11-3 中进行了总结。随着越来越多的人访问我们的系统和数据，最终肯定会有人犯错。通常这种错误只是在错误的邮件中单击了错误的链接。鱼叉式钓鱼已经变得非常复杂和普遍，在我们的例子中，一位高管单击了一个链接，把一个简单的驱动恶意软件下载到了计算机上。成功执行后，本地管理员账户被攻陷，攻击者可以访问企业的大量网络资源。有了本地管理员的访问权限，攻击者几乎可以无限制地横向移动，攻击企业的服务器，安装所需的攻击工具，并开始扫描网络寻找更多脆弱点。

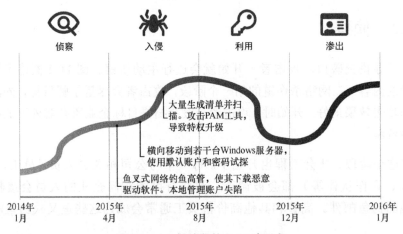

图 11-3 入侵阶段的 IAM 脆弱点

11.1.3　利用

在这个阶段的攻击中，攻击者已经找到了进入多个资源的途径，并且正在寻找获得更高的特权和访问最有价值的数据资源的最佳途径。图 11-4 所示为这一阶段的攻击情况。这里一般把对管理员账户的暴力破解密码攻击视为最常见的身份攻击向量。这个阶段的目标是攻陷更多账户，并进行横向移动。我们经常见到对业务流程的攻击，如人工访问请求和最终用户自助服务功能。当通过电子邮件执行系统的访问请求和权限获取时，信息就很容易被骗走，而且经常会发生错误访问授权的情况。

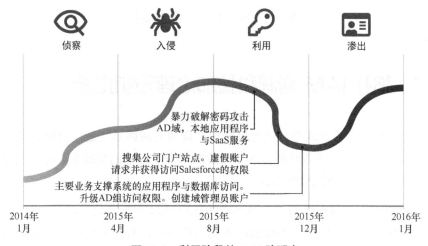

图 11-4　利用阶段的 IAM 脆弱点

11.1.4　渗出

一旦准备完成，拥有了一套好的目标系统，杀伤链的最后一个阶段就是数据渗出了。图 11-5 描述了整个过程。这通常包括下载内部系统的密码数据库、搜集客户数据以及盗窃知识产权。同时，内部和云文件存储系统中有大量文件被归档和删除。最后，在最近的攻击中，攻击者会在"离开大楼"后利用勒索软件要挟企业。

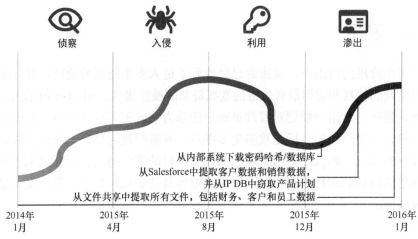

图 11-5   渗出阶段的 IAM 脆弱点

11.2   弥补 IAM 漏洞和叠加治理控制措施

有了现代身份管理软件，就可以避免在典型的网络杀伤链中出现许多错误。通过 IAM 最佳实践，可以使用叠加治理控制来保护已知的脆弱点，并设置额外的检测功能，以提高态势感知能力。

图 11-6 所示为目前市场上一系列增强型的 IAM 保护和检测功能。这些功能可以应用于整个网络杀伤链。现在依次审视这些功能，看一看应该如何利用它们来创造不同的结果。

- **清单与可见性**。对横向移动过程中使用的默认账户和密码进行汇总、认证，并自动补救。通过管理孤儿账户可以检测到攻击者新建的管理账户。自动重新认证还可用于显示在较长时期内出现的提权情况。

- **强认证**。强大的多因子认证和上下文感知登录可以预防与检测杀伤链中的很多问题。通过对登录严格控制，内部安全团队可以识别在非正常时间、地点发生的管理访问。对 IAM 工具本身的访问管理也是如此。例如，应该始终使用强认证登录 IG 系统。

图 11-6　增强型 IAM 保护和检测功能

- **密码控制**。良好的密码管理控制能力在防止和减缓攻击中起着重要作用。强密码策略使暴力破解密码攻击在计算上消耗更多时间且对攻击者来说代价高昂。IG 生命周期触发器可以用来警告安全团队，以及账户密码在策略控制之外发生了哪些变化。

- **生命周期管理**。账户生命周期管理为预防和发现危害设定了操作基线。实施强大的 JML 状态转换控制可以帮助检测整个权限分配模型策略之外的变化。当权限发生变化时，嵌入的数据触发器可以轻松地提醒管理员和安全人员，而检测控制和策略检查可以捕捉到攻击成功过程中不可避免发生的特权升级情况。

- **文件访问治理**。有效的访问模型、数据分类和文件访问警报是整个网络杀伤链中关键的控制措施。在越来越短的渗出阶段，文件访问治理技术是检测该阶段各类典型文件访问事件的必不可少的手段。

- **请求控制**。对所有新访问变更进行审批和审计有助于阻止攻击者绕过人工请求执行系统。预防性政策评估有助于保证只有合适的人才能获得访问权限，并允许 IT 安全人员把精力放在风险最高的领域。

- **PAM 治理**。事实证明，对任何已部署的特权账户管理（PAM）基础设施

进行清查和建模，是控制和治理中必不可少的步骤。把全套 IGA 最佳实践应用于 PAM 层所管理的权限对于预防和检测攻击也至关重要。我们必须为访问 PAM 系统提供可见性和认证，因为它们是攻击的重点。管理员和 root 账户是整个系统的关键，也是威胁行动者入侵的目标。清查 PAM 系统并对其分配、使用、创建和权限进行建模是防止基于身份的攻击向量的关键。

第 12 章

身份管理项目集规划

多年来，我们已经见识过很多大规模的 IG 项目了，其中有些成功，有些失败，也明白了项目成败的各种原因。我们常常需要利用这些经验为客户制定身份管理策略，并提供一个可成功实现的蓝图。本章会提出一些意见和建议，帮助大家了解产生有效身份管理策略基础的必要条件。

12.1　项目集与项目

在开始之前，先来明确项目集（Program）和项目（Project）这两个重要术语的区别。大家经常把这两个术语互换使用，这是不对的，在下面的指导中，理解它们的区别很重要。项目集和项目有特定的指令，且都是成功的关键，但相对于像 IG 这样复杂的转型流程，它们的功能区别很大。

项目是指为了实现某一特定目标而精心策划和执行的个人或合作性工作，例如，一个专注于某些可交付成果的实现。项目集是一组相关的活动、事件，或者是具有长期目标的项目。因此，我们不能将单一的项目交付与战略性的长期项目集规划混为一谈。

在考虑一般的身份管理时，大多数人只关注项目而不关注项目集。完成一个与身份相关的项目，并不意味着你的身份管理项目集就成功了。随着时间的推移，必须建立和培养身份管理项目集，因为它需要遵循一个清晰的路线图，并随着业务不断进行交付和发展，实现项目集的成功。

基于这个定义，身份管理项目应该作为长期身份管理项目集的一部分用在功能交付阶段。

12.2　建立 IG 项目集

定义 IG 项目集是获得成功的基础。项目集一般是如何构建的呢？哪些是助力实现运营效率、安全和治理目标的关键要素？最好的切入点就是了解参与团队的角色和责任，并列出使项目获得成功的关键组件。

12.2.1　关键角色和责任

为 IG 项目集建立一个良好的基础，需要几个关键的角色和责任。它们至关重要，分别是执行发起人、指导委员会、一个或多个项目集经理。这些角色和责任将在下文中解释。

执行发起人是项目集的名义领袖、拥护者和所有者。重要的是，这个人要有"组织影响力"。一个优秀的执行发起人很可能有董事会级别的知名度，负责确保该项目集与整个企业保持相关性和可见性，而且要确保项目集有充足和稳定的资金来源，并向企业报告该项目集对整体业务的影响。

指导委员会是一组结盟的利益相关者，他们定期举行会议，以追踪、监控和评估项目的进展和成功与否。委员会成员通常来自各个职能部门，他们有组织控制力和优先级影响力，因此可以帮助解决与 IG 项目集章程相关的问题。指导委员会帮助项目集保持与整体业务相关。

每个组织都是不同的，因此，其指导委员会的组成通常也相应地有所区别。关键利益相关者代表的广泛性对于 IG 项目集的成功至关重要。典型的指导委员会由来自人力资源部（HR）、信息安全部（IS）、信息技术部（IT）、合规/审计部以及业务线的代表（推动所在企业的具体业务的人员）组成。如果没有指导委员会，项目集往往会对组织需求产生不适当的看法，IG 项目集很容易成为一个孤立的项目，而不是一个推动运营效率、安全和合规性改善的项目集。

项目集经理帮助协调和运行项目集，包括同时管理和协调几个项目，以及提升治理项目集的整体影响力。明确指定一个或多个项目集经理是推动 IG 部署成功的关键。

12.2.2 项目集的关键组件

每个项目集都有一组关键组件，帮助定义其执行方式。重要的是，这些关键组件需要在项目集过程尽早建立，并随着项目集的成熟，不断评估其有效性和相关性。

大多数成功的项目集一般都是从定义一个清晰简洁的项目集章程开始的。项目集章程由指导委员会确定，并以任务说明、业务案例和商定的项目集目的形式获得批准。章程集中体现了项目集的精神，有助于捍卫其存在。IG 项目集永远不能在隔绝的环境中设计，也不能由某一个人从自己的角度来定义。在进入下一步流程之前，项目集章程应该获得明确的批准和签发。此外，还应该定期复核，确保它总是随着时间的推移与业务保持相关性。

在项目集章程被批准后，项目集资金是实现该章程的必要条件。这可以有多种形式，例如从单一的成本中心预算到受控的跨部门资源库，以及两者之间的各种可能形式。项目集为组织提供了长期的愿景和价值，因此，持续和可靠的资金来源对于本组织能否随着时间的推移继续实现这一愿景至关重要。

另外，还要定义一个高水平的项目集路线图，用以概述长期规划和业务案例时间表。这对于项目集的定义和资金的筹措至关重要。IG 项目集应该拥有长期规划，但同时也要按照确定的路线图实现短期目标和项目里程碑。通过较小的迭代交付结果有助于更快地为业务带来价值，一个灵活的长期规划包含有明确范围的短期交付成果，这样可以展示进展和业务效益。

管理完善的项目集还应拥有项目集日志，以记录所做的决定、可交付的成果、提出的问题和解决的问题、记录遇到的风险，以及实现项目集目标和路线图的整体进展。这种历史记录可以成为帮助记录和证明项目集效能的重要工具。详细的项目集日志是非常必要的，可以用来做项目集问责的依据，也可以用来确保项目集有持续的资金和支持。

此外，项目集术语可能看起来微不足道，但我们强烈建议定义和维护一个通用项目集术语文档，要求所有参与者明确项目集的要求与含义。同时，这也有助于统一参与者的用语一致性和规范性，清除沟通障碍，确保沟通各方准确理解对方的意思。请尽量使用行业术语，同时让项目的所有承包商、顾问和第三方参与项目或整个项目集。

12.3　项目集路线图问题

每个人都希望有一个事先定义好的、供应商制定好的 IG 路线图。然而在现实中，每个组织的路线图都会根据其业务驱动因素、行业类别，以及其特定需求的历史和挑战进行具体细化。也就是说，应该通过几个事先定义好的问题来帮助优化项目路线图。

我们建议向一个跨部门小组提出以下问题，并让项目指导委员会可以完全看到答案。这有助于 IG 项目集章程范围和界限的设定，得到一个具有凝聚力和代表性的起始状态。

对贵组织来说最重要的是什么？

随着时间的推移，你对这个问题的回答会有所不同。今天对你的组织很重要的东西，也许明天、下个季度或明年就不重要了。组织是不断变化的，会经历扩张、收缩、合并、收购、重组和剥离等过程。这些变化会直接影响到你的 IG 项目集的优先次序，也影响你的部署路线图。因此，你必须在规定的时间间隔内定期地重新审视这些问题，以了解组织是否发生了变化。

最大的影响或痛点在哪里？

乍一看，问这个问题似乎是多余的。虽然能够产生最大影响的事情或者解决最大问题的事情，可能并不是选择项目集界限的最终驱动力，但这个问题的目的是要确定干扰和障碍从何而来，当然，它同样也可以直接指向最直接的驱动力和项目集资金来源。

有没有容易实现的目标或速胜的方法？

这又是一个显而易见的问题。重要的是，需要确定哪些是相对容易，不需要做大量的研究、发现、分析或努力就可以实现的。然而，容易实现的东西可能与项目集对支援组织的影响或重要性不一致。也就是说，确定非关键领域的速胜目标有助于我们对建立整个项目集的治理信心。因此，无论它在路线图中的位置如何，都应予以考虑。

有哪些领域存在风险或更容易发生变化？

回答这个问题就是要了解你的项目集路线图的潜在风险在哪里，并把返工、重新实施或重新设计的风险降到最低。如果组织的某个部分目前正在经历重大变革，那么最好的办法可能是先寄希望于在其他方面的交付功能，然后在以后的阶段重新审视该部分。

12.3.1 七步项目集路线图模型

了解了组织的优先次序后，建议大家采取迭代的方法来实现你的项目集策略。我们观察到，那些交付成果规模小、范围小的客户通常比那些试图一次性交付过多成果的客户更成功。因此强烈建议从交付一些小项目的角度来考虑问题，而不是一次性来个"大爆炸"。这有助于建立可信度，并使你的整体项目集在其生命周期前期就有一个很好的基础。

可以把七步阶段模型作为 IG 项目集的起点和基本指导原则。在每个项目阶段，我们都会对其目的进行描述，给出项目目标和项目集目标，帮助大家了解其目的和理由。请注意，这个模型只是一个指南和一套通用建议，可以根据需求进行不同的实现。有许多客户按照一套完全不同的项目步骤、完全不同的顺序也获得了成功。许多人只专注于这些建议中的一部分，因为这些建议都有很好的业务理由做支撑，而且大多数都取得了成功。请注意，IG 项目需求最终决定了各个项目阶段的决策。同时，也请理解，这些都属于高层级的可交付阶段，它们经常会根据需要被分解成更小的部分。

需要提醒一下的是，第七阶段（密码管理）可以存在于而且会常见于第二阶段和第六阶段之间的任何一个过程中，下面在各阶段的讲解中会给出原因。

1. 身份基础

● **项目目标**：连通权威来源，建立身份模型，并分析数据。

● **项目集目标**：构建组织中人员的基础模型，为今后的工作奠定基础。

建立 IG 项目的第一阶段是建立组织中人员的基础模型。这就要连通权威来源并了解身份数据。身份数据涵盖了员工、承包商、临时工或正在考察中的第三方。尽早让人力资源部门作为利益相关方加入指导委员会，这有助于更好地进行协作。

在这个阶段，有关身份的数据开始成型。这时的目标是分析数据，以寻找错误、不一致和缺失的信息。作为这个阶段的一部分，你需要判断如何处理所发现的异常情况，这可能涉及在馈源上直接处理它们并重新聚合，或使用治理工具的数据转换和映射功能。在项目集层面上，确定如何处理组织中的好数据和坏数据，可以为未来的 IG 项目集工作确定好优先顺序。

2. 源管理/访问审查

- **项目目标**：连通来源，并审查和了解访问。
- **项目集目标**：了解访问模型，并为未来阶段清理/删除不必要的访问。

建立 IG 项目集的第二阶段，是连通用户账户和访问信息的应用程序源。这就要确保账户与之前建立的身份模型相关联。

连接的应用程序源将根据项目集范围和应用程序风险状况而有所不同。如前所述，通过较小的迭代结果就可以交付一个成功的项目，因此不建议立即将 IG 项目集连接到贵公司项目组合中的各个源或业务应用程序，应该优先考虑连接关键的、高价值的或容易实现的来源。在初始阶段，客户通常会连接活动目录（或通用 LDAP 目录）、SSO 解决方案和 SOX 相关应用程序等来源。

这时候要抵制诱惑，不要试图用直接连接来自动化所有来源。虽然这在技术上是可行的，但在一个只涉及一小部分用户、访问或变化很小的系统中，管理用户和访问可能不值得进行投资。就经验而言，如果整体身份在人群中占比不到 10%，那么在早期阶段直接连接通常没有意义。但也有例外，比如用户流失率较高的应用程序，或者在项目集论证中被确定为关键任务风险因素的情况。一般来说，与用户账户数量越少的源连接，其投资回报率往往越低。

源上线后，用户账号和访问权限会汇总到基础 IG 平台，并关联到核心身份模型。然后，我们建议下一步配置访问审查。初步审查的重点是验证、可见性以及业务用户的参与度，而不是强制合规。

> 这是一个关键点。访问审查不仅仅是一种合规性控制。它们也是一种数据验证的手段，还是一种引导业务用户通过审查和责任流程的方式。该流程对于提高效率、增强安全性和持续合规性至关重要。

访问审查会定期发出，企业要熟悉各种人员的访问权限，认证人员也要学会厘清哪些访问权限是需要的，哪些是不需要的。访问审查流程是一种有效的促发因素，因为它迫使我们更新访问描述，以及探究访问的含义。随着一个又一个访问审查周期过去，访问描述变得越来越有意义，认证人员也会越来越了解访问的真正含义。尽早启动这个流程是基于治理的身份识别方法在未来获得成功的关键。

经验表明，在访问审查的头几个周期，撤销（即访问删除）率大幅上升。在某些情况下，我们看到有高达 30%的访问在这个阶段被删除！该比率很快会恢复正常并趋于平稳，认证活动的批准率会稳定在 2%～8%的范围内（不包括已知的离职者和终端）。撤销率降低就说明访问审查已经有效地清理了旧的、不必要的或不恰当的访问。清除蜘蛛网并为未来的治理阶段奠定基础在流程的早期阶段是非常重要的。

我们建议在治理项目集路线图的早期启动周期性访问审查。如上所述，这是一个迭代的流程，它很可能需要与项目集的其他阶段和功能的交付并行进行。太晚实施访问审查可能会导致其他功能（如基于角色的访问控制）的实现变得复杂。

3. 开通基本权限

● **项目目标**：实现基本的加入者和离开者流程自动化。

● **项目集目标**：借助自动化，减少开通负担，把精力集中到做进一步扩展上。

这一阶段的工作重点是通过加入者和离开者流程实现基本的开通服务。加入者流程通常需要为组织中的大多数身份创建标准账户（和访问权限）。范围一般集中在创建目录、SSO 和域账户，并在适用的情况下启用基本通信服务，如电子邮件。离开者流程通常需要对账户做禁用处理，如果某人离职，其对关键系统的访问将被删除或逻辑上暂停。

自动开通通常具有很大的影响力，因为它涉及对组织中人员来去的基本安全控制。开通本身是非常依赖数据的，因为它涉及向各种系统发送身份数据以创建账户。身份基础测试做得越好，分析和纠正数据异常的步骤越多，这个阶段就越容易实现。

从 IG 项目集的角度来看，最好对这一阶段所涉及的范围也要保持谨慎。通过技术或自动化手段解决每一个开通用例看似是个不错的方法，但这很容易扩大这个阶段的范围并投入更多的精力。再次提醒，最好从小做起，日积月累。更多的开通用例和细微调整在后续阶段可以很容易地添加到项目交付物中。

4. 访问请求

● **项目目标**：为访问请求提供接口。

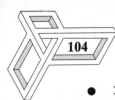

● **项目集目标**：通过自动执行临时访问请求来减轻负担。

这一阶段的工作是允许最终用户请求访问各种新服务，并通过既定的审批流程将其发送出去。由于在之前的阶段中我们已经完成了基本的开通工作，因此这里我们只需付出少量的精力和项目集成本，就可以将其扩展到业务的访问中。这一阶段需要确定哪些访问单元可以请求，还需要定义新的访问请求由谁审批，并知道如何更好地描述你提供的每个可请求单元。如果你遵循了这里定义的六步流程，并且在早期阶段运行了初始访问审查周期，那么你在了解访问、记录描述和定义所有权方面做出的努力会在这里得到巨大回报。

这个阶段也让广大企业用户群熟悉了请求访问和执行审批流程的单一方式。这有助于控制访问流程，减轻向技术支持中心或向管理员提出临时访问请求的数量。访问开通可以通过直接连接器发送到已经上线的源，或者通过建立的人工执行路径实现。

这也是扩展源连接的一个很好的阶段，并可选择与备用的票据解决方案（如ServiceNow 的服务台）集成。我们建议在所有逻辑访问流程中使用 IG 访问请求接口，但用户请求也可以从其他支持的系统中发起，例如 ServiceNow 的 Service Catalog。

5. 基于角色的访问控制

● **项目目标**：提供一个基于角色的访问控制模型，用于开通和撤销权限。

● **项目集目标**：利用现有的访问请求和访问模型知识，建立细粒度许可模型。

在这个阶段，我们将建立一个基本的基于角色的访问控制模型，并自动把访问权限分配给组织中的某个身份，从而触发新账户或现有账户的开通流程。每当一个身份在组织内部发生变更或离开组织时，可以使用基于角色的分配模型删除其访问权限。在这个阶段，我们实际做的是映射身份和分配访问权限，它们对你的组织是有意义的，而且是密切相关的。

前面讲过，构建组织内的角色没有一个统一或普遍适用的方法。设计基于角色的访问控制模型需要确定你的组织希望如何安排和分配其特定的访问权限。有很多因素会影响访问权限的赋予，比如组织结构、IT 系统、访问级别和数据元素。

不过，建立角色要在正确的时间段进行。我们强烈建议在 IG 项目集的后期启动此阶段，这样你可以从所获得的知识和更精准的授权数据中获得好处。在现阶段，你的组织很可能已经完成了几个周期的访问审查，并在此过程中删除了那些过时和不恰当的访问。在可靠的验证数据基础上，进行访问比较分析（角色挖掘），对于创建有意义的角色至关重要。

你的组织将获得关于当前状态下已经拥有的访问权限的知识，这些知识可以用来改进访问审查或访问请求流程的描述。在此基础上，你可以更好地设计组织中的角色。我们建议从企业最熟悉的角色和关注领域入手。常见的访问权限或高周转率的领域（如零售或呼叫中心）一般是很好的入手点，因为那里分配的访问权限与传统的开通或撤销开通的周期一致。

熟悉访问权限的另一个方法是分析在访问请求阶段观察到的趋势和行为。常见的访问请求和访问授权表明，这些访问模式可以有效地映射到新的企业角色。这样就可以将常见的访问请求转移到自动化的角色分配任务中。

在基于角色的访问控制中，一次性为组织设计好所有角色的想法是非常诱人的。通过角色模型定义细粒度的访问权限可能是个非常复杂的流程。在整个组织范围内尝试这一流程会使其变得更加复杂。相比之下，我们最好从充分了解且粒度粗的访问权限开始，而后不断迭代，这个流程中访问模式会变得越来越清晰，访问权限的粒度也会变得越来越细。

经验表明，选择以"大爆炸"方式部署角色的客户，很少能真正获得成功。因此，我们强烈建议从小处着手，然后不断迭代。角色定义很少是一成不变的，因此，我们最好随着时间的推移，随着业务、IT 和安全态势的变化不断做调整。利用你本身掌握的知识，从小做起，不断迭代。

6. 职责分离

- **项目目标**：根据访问角色和权限，实施检测控制。

- **项目集目标**：充分利用现有的控制措施，检测细粒度的访问控制。

职责分离（SoD）能够让你将控制措施落实到位，并监控和保证你的组织始终满足审计与合规要求。虽然实现职责分离在技术上并不复杂，但它需要审计团队的集体智慧，以及对组织内业务流程控制有良好的理解。因此，我们建议先等 IG 项目集稳定下来，对访问数据有了充分的了解，同时关键来源已经上线，主要控制和治理功能已经实施后，再定义 SoD 控制。

7. 密码管理

● **项目目标**：提供自助式密码重置和"忘记密码"功能。

● **项目集目标**：迅速建立基于身份的范式，同时减轻技术支持中心的压力。

密码管理部署相对简单，通过减少技术支持中心接听密码重置电话的压力和成本，从而为企业带来即时价值。密码管理的重点是自助式密码重置和"忘记密码"的重置密码工作流程。如果要同时更改多个密码，可以将密码分组到密码同步组中，在单点登录（SSO）不可行的情况下，实现相同登录。

密码管理可以在任何时间、任何阶段进行部署。有些客户更倾向于在早期实施密码管理，使之成为企业的一个"速赢"项目，这有助于启动并运行它们的项目集。

第 13 章

特权访问管理

特权访问管理（PAM）是 IG 框架中的一个子分支。PAM 可以单独实施和运行，也可以整合到组织的身份与访问管理（IAM）项目中。图 13-1 从高层次上展示了 IAM 以及框架中包含的所有潜在技术和安全体系。

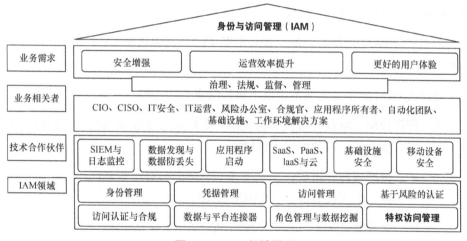

图 13-1　IAM 领域模型

为了实现组织目标，一般可以选择从 IG 或 PAM 开始实施。不过，随着 IAM 生命周期逐渐成熟起来，最终目标应该是把两者统一起来。坦白说，或许许多组织永远不会成熟到这一步，但目标始终应该明确：简化身份和安全流程。

根据定义，PAM 是一套保护、控制、监控和管理特权行为及活动的方法。它包括多个组成部分，分别用来管理特权身份、账户和凭据及其相应的密码、证书和密钥。PAM 的目标是降低风险，它要向需要管理特权或 root 特权的用户和资源提供访问特权，以便完成指定的任务或使命。这有助于减少或消除日常普通操作中的特权。这就成为了"最小权限账户"模型的基础。

PAM 管理下的资源包括操作系统、应用程序、数据库、网络设备、脚本、DevOps、IoT 和云资源等。它是一个子领域。PAM 的实施需要采用专门的解决方案、政策和程序，重点是管理特权及其可能存在的所有位置。IAM 解决方案与 PAM 相配合，使用集成的 IG 解决方案管理和认证与 PAM 账户和凭据相关的身份。

PAM 解决方案为组织提供所需的安全特权访问工具，以保护所有资产（无论其位于何处），通常关注包含敏感信息和基础设施的关键资源。

如前所述，并非所有与身份相关的账户都应包括在 PAM 模型中。PAM 侧重于特权访问的身份和账户，可以是管理员、root 乃至超级用户。PAM 通常只有在凭据需要做访问管理时才会包含非特权账户。远程访问技术解决方案是一个典型案例（第 17 章将进一步讲解有关远程访问安全的内容）。这些账户可以是特权账户，也可以是非特权账户，而且需要进行密码管理，以保证合规性和安全性，并自动检索和轮换密码以管理风险。

若需了解 PAM 的所有功能，请参考图 13-2，其中包含 PAM 组件和完整实施 PAM 所需的组件。

企业级 PAM 解决方案通常由以下组件组成。

● **密码存储**。解决方案能够将凭据和账户安全地存储或保管在密码保险箱中，供人工、自动或程序化检索。

➤ **资产与账户发现**。识别连接到网络上的资产和允许在资源、相关特权、组成员资格上运作的所有账户。

➤ **共享密码存储**。最佳安全做法规定，一个账户及其相关密码只能由一个身份访问。然而，许多技术实现并不支持基于角色的访问控制（RBAC），一个账户需要多人使用。例如，一个资源可能只允许有一个管理员账户，但一个组织中有多个管理员需要访问该资源。因此，共享密码存储是密码存储的一种用例扩展，可以实现账户访问的一对多方式。

➤ **强加密与自动布局**。任何存储的密码都应该被加密，防止被威胁行动者窃取。此外，无论密码的用途和实现情况如何，任何暴露在网络上或在网络上传输的密码也都应该进行加密。这包括自动密码注入技术和自动密码填充技术，这些技术可以提供无缝的用户体验，并保护密码不被人为或第三方破解，如内存刮取恶意软件。

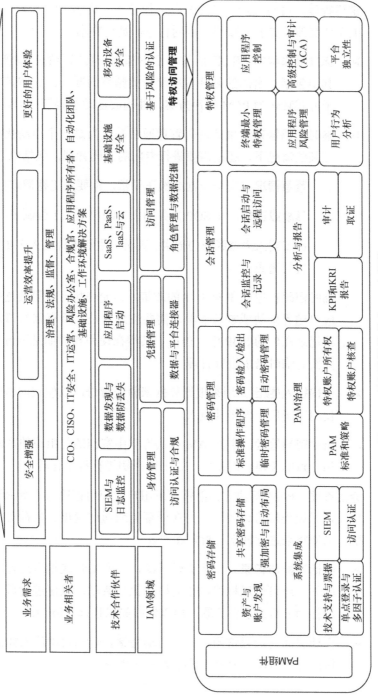

图 13-2　特权访问管理（PAM）组件

- **密码管理**。对与账户关联的密码进行管理。这包括跨人类和非人类账户的密码更改，如服务账户、应用程序，甚至脚本。

  ➤ **标准操作程序（SOP）**。许多组织都有一套标准的密码管理策略。这其中包括对密码的复杂程度和轮换频率的要求。这些策略必须以电子方式转化为 PAM 解决方案，并构成自动密码管理的基础。

  ➤ **临时密码管理**。虽然密码管理通常被认为是一个自动化的过程，但在某些情况下，还是需要进行专门的密码管理，包括以下内容。

    ○ **紧急情况**。安全异常或操作异常，需要人工密码取回管理。

    ○ **事故或违规**。在 SOP 之外的大量账户中人工强制更改密码管理。

    ○ **员工或人力资源部门请求**。因员工生活事件而人工更改与身份相关的密码。

  临时密码管理遵守 SOP 中的政策，但允许执行或更改这些政策，以应对越界威胁或紧急情况。需要注意的是，所有临时请求类型都应该记录在你的 SOP 中，但由于其潜在使用和周期是不可预测的，因此要对临时请求进行管理。

  ➤ **密码检入/检出**。用来根据凭据来验证身份，以便找回密码，随后在使用完毕后，再将其检入。

  ➤ **自动密码管理**。根据 PAM 解决方案中实施的与组织的密码管理 SOP 相一致的策略，对密码、证书或密钥进行程序化轮换。

- **会话管理**。PAM 解决方案能够记录用户或应用程序与命令或远程会话的交互，无论连接协议如何，并在屏幕上或通过键盘、鼠标对活动进行索引，以便将来进行搜索、检索和取证。

  ➤ **会话监控与记录**。记录会话活动，以便实时或稍后进行人工审计。此外，还可以以机器可读的格式记录活动，以便进行日志合并、用户行为分析或事件关联，用以判断失陷指标（IoC）。

  ➤ **会话启动与远程访问**。自动启动会话，包括自动注入凭据和管理连接的持续时间、内容、数据丢失与命令。

● **特权管理**。监控、控制和终止资源上发生的所有特权活动，无论是用户还是应用程序发起的。

> **终端最小权限管理**。在任何端点上实施最小权限用户模式，无论是在服务器、工作站或基础设施上。需要将用户和应用程序的权限最小化到最低标准，再执行任务或使命，当需要更高的权限时，应用程序、资源或操作系统功能将被提升，而不需要最终用户或应用程序明确输入提升的凭据。

> **应用程序风险管理**。应用程序（包括那些来自可信供应商的程序）会因其配置和已知的漏洞而存在各种各样的风险。应用程序风险管理在应用特权访问之前评估应用程序的风险，以减少任何已知威胁。这通常称为基于信誉的服务或基于漏洞的应用程序管理（VBAM），包括对应用程序的上下文感知服务，用以在执行前确定其来源。

> **用户行为分析（UBA）**。用户可以根据自己的角色和工作职能，以可重复的方式执行某些应用程序和操作系统任务。此外，有些应用程序和命令绝对不能一起执行，比如访问敏感数据和屏幕共享应用程序或文件传输程序。用户行为分析根据活动建立模型，当发生可疑行为或已知威胁模式与身份电子行为匹配时，将发送一个事件或创建警报。

> **应用程序控制**。根据解决方案量化的标准来影响应用程序在资源上的运行时间。这包括白名单、黑名单，甚至灰名单应用程序等技术，即根据环境、供应商、地理位置、下载源等，使应用程序带特权或不带特权执行。通常情况下，组织会将特定的供应商或某类工具（如比特流）列入黑名单，因为它们没有许可证，在组织内缺乏合法的业务目的。

> **高级控制与审计（ACA）**。虽然命令过滤是大多数供应商用于特权管理的主要方法，但它没有考虑到重命名的应用程序和嵌入脚本中的命令。使用基于代理或客户端的技术，ACA 可以在用户输入的内容下面进行命令过滤，使其在屏幕上可见。它可以对隐藏的命令进行应用程序控制，并监控命令如何与应用程序和操作系统进行交互，以阻止潜在的恶意活动，通常这些活动无法在会话监控中发现。很多时候，这可能以子进程的形式出现，或者有意改变脚本以执行额外的、潜在的恶意活动。

> ➤ **平台独立性**。特权管理转化到每个平台。它是与平台无关的。无论是 Windows、macOS、UNIX、Linux、物联网、DevOps、云、虚拟设备、路由器、交换机还是其他设备，特权管理的概念都适用。一个 PAM 解决方案应该能够解决你的组织中使用特权访问的各个方面。

● **系统集成**。安装在环境中的每个解决方案都应该以某种形式与你的操作和安全生态系统的其他部分进行集成。对于 PAM 和 IAM 来说，以下几点对实施的成功与否至关重要。

> ➤ **技术支持与票据**。特权访问应遵循既定的工作流和审批流程，并集成到现有的票据签发系统、呼叫中心和技术支持的解决方案中，建立一个可存档的工作流和审批流程，以便在赋予资源的访问特权之前赋予或拒绝访问特权并验证身份。换句话说，在任何资源上发生特权活动之前，必须打开支持票据，或动态创建并审批它（包括自我审批）。

> ➤ **单点登录（SSO）和多因子认证（MFA）**。考虑到权限攻击向量和身份攻击向量，特权认证不应只依赖用户名和密码组合形成的凭据。事实上，即使是中度敏感但最终用户可以访问的系统，也应该使用 SSO 和/或 MFA 来确保访问的安全性。这可以有效地防止密码复用、凭据填充和其他各种可能允许特权升级和允许威胁行动者拥有身份的攻击。

> ➤ **安全信息和事件管理（SIEM）**。这是一种将安全信息和事件管理信息汇总到一个平台的安全管理方法。这个方法可以对数据进行分析、过滤和关联，并将人工智能引擎应用到结果中，以寻找异常和其他失陷指标。所有来自密码取回、会话启动和密码更改的 PAM 事件都应该发送到 SIEM 进行处理，SIEM 应该是你的大型安全管理项目的一部分。

> ➤ **访问认证**。IG 解决方案提供认证报告，其中详细记录了谁可以访问某个资源。PAM 解决方案提供了认证报告，其中指出了谁访问了资源，以及他们在该访问中做了什么。基于监管合规性的要求，大多数审计师都希望看到这两方面的内容。

● **特权访问管理（PAM）治理**。虽然 PAM 是一门基于管理员和 root 特权管理的学科，但 PAM 的治理重点是组织在日常运营中实际执行所需的策略和程序。

➢ **PAM 标准和策略**。除了上文提到的用于密码管理的标准操作程序（SOP），PAM 标准和策略还必须规定谁应该有访问权，何时应该有访问权限，以及应该赋予什么特权。不是每个信息技术管理员都应该对每个资源拥有管理权。因此，PAM 的治理方面详细说明了特权的各个方面，以及何时应该从不同身份中分配或撤销特权。这种粒度远远超出了密码复杂度策略，通常会利用 IAM 中的角色分配来实现。

➢ **特权账户所有权**。如前所述，每个身份都可以有多个账户。有些身份是人，有些身份是电子的。每一个账户的所有权都应该被明确定义，并作为流程的一部分被记录下来。实施 PAM 有助于记录特权账户的这种相关性。

➢ **特权账户核查**。组织在变，员工在变，项目、技术和资源的所有权也在变。特权账户核查是一个累积的过程，它使用 PAM 的各种功能，从发现到特权应用程序的使用，再到特权账户的所有权，以验证所有方面是否按照计划运行。例如，如果一个应用程序有一个策略，允许用户提升一个应用程序进行管理使用，而该应用程序又不再被使用了，那么特权账户核查流程应该识别到一个过时的规则。然后，适当的团队可以将其标记为变更控制，并将其从受影响的策略中删除。该 PAM 组件通常使用基于实时特权使用数据的报告实现，并与 PAM 解决方案内已实施的特权访问策略进行比较。

● **分析与报告**

➢ **关键业绩指标（KPI）和关键风险指标（KRI）报告**。在一个环境中实施的所有信息和安全解决方案都应该能够产生报告、警报和事件，指明环境的健康状况，以及量化性能和风险。它是一种自我报告模式。对特权的管理情况如何，是否存在需要注意的风险偏差，最终用户和应用程序是否可以接受整体性能以达成业务目标？

➢ **审计**。无论在哪里，监管合规性和内部审计人员都希望有特权活动的报告。一个 PAM 解决方案应该能从历史访问中实时生成各种审计报告，以满足审计的需要。

➢ **取证**。PAM 解决方案生成的数据对于判断失陷指标和取证调查是非常宝贵的资料。PAM 解决方案应该能为应用程序哈希、命令行开关

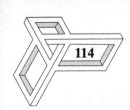

和运行时补丁等提供详细报告，以满足实际需要。

考虑到所有这些，PAM 也有一些行业标准的缩写词来帮助分组和解释这些领域。通常，供应商会很少对它们进行单独授权，组织通常会在这些类别中参考其解决方案以满足其要求。

- **账户密码管理（APM）。** APM 提供了一种技术方法来安全地管理特权凭据，包括系统账户、服务账户、云账户和应用程序账户。APM 解决方案使用强大的加密和加固的密码保险箱来存储密码、密钥和其他特权凭据，以实现受控、审计和策略驱动的发布与更新。

- **特权账户和会话管理（PASM）。** 通过在密码保险箱中存储或保管特权账户的凭据来保护特权账户。对这些账户的访问由 PASM 解决方案的所有资源进行管理，包括真人用户、服务和应用程序。特权账户的密码和其他凭据被置于管理之下，密码可以以指定的时间间隔或发生特定事件时进行轮换（更改），例如会话结束或当 IAM 解决方案触发重大人事变动时（例如关键人物离职）或账户发生入侵事件时。

- **特权会话管理（PSM）。** 会话管理通过凭据注入人工或自动建立与资源的远程连接，并提供会话记录。

- **会话记录和监控（SRM）。** SRM 为 PSM 工具提供了额外的功能，在特权会话期间提供高级审计、监控、主动管理和审查特权活动。这包括但不限于以下各项。

  ➢ 可搜索内容的击键记录和索引。

  ➢ 以不同速度录制和回放视频会话。

  ➢ 带有搜索和索引的屏幕抓取功能。

  ➢ 图像屏幕的 OCR 翻译。

- **应用程序到应用程序的密码管理（AAPM）。** 这也被称为 A2A PASM。它为应用程序资源提供了一种能力，一般通过 REST API 集成到密码管理和存储解决方案中，有很高的安全性和加密性。

- **权限提升和委托管理（PEDM）。** 在受控资源上赋予特定特权，可以通过身份、账户或凭据进行控制，并且可以感知上下文。这里的资源可以是服务器、工作站、移动设备、物联网或基础设施。一旦用户或应用程序对资源进行了验证，命令和应用程序就会根据任务进行提升，而且不一定需要特权账户有明确的输入。该技术包括基于主机的命令控制（过滤），可以在不使用本地代理或本地特权提升的情况下实现，这需要本地安装的客户端提升应用程序、执行 RunAs 或 SuDo，或使用 AAPM 检索有效凭据。

● **用户行为分析（UBA）**。UBA 使用数据分析来检测基于异常行为、既定规则和行为特征的威胁，其结果旨在与其他安全解决方案相关联，以确定意图和潜在的失陷指标。

所有上述组件（属于 PAM）可由 IAM 解决方案管理，以标准化特权账户权限，并为谁或什么拥有特权权限提供认证。通过 PASM 和 PSM，PAM 可以为实际发生的活动提供合规报告，目标是真实了解一个身份被允许做什么，及其相关账户的实际表现，无论是恶意的还是合法的。该解决方案都应该能识别一个行为是否适当，并最终揭示基于特权或基于身份的攻击向量的失陷指标。图 13-3 所示为这种协同作用。

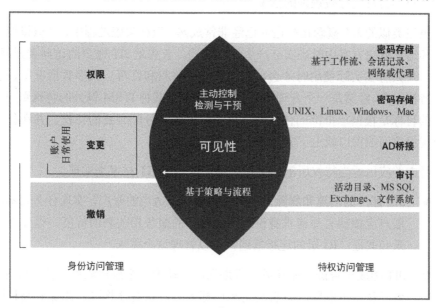

图 13-3　IAM 与 PAM 可见性

这构成了针对身份和相关账户进行威胁调查的基础，我们把 IAM 和 PAM 连接起来进行取证，并确定何人、何事、何时、如何和何地创建所有权。这样就收集齐了基于特权攻击链和网络杀伤链判断威胁时的必要信息。

第 14 章

即时访问管理

即时（JIT）访问管理是一种将账户的实时使用请求与权限直接结合起来的策略，不需要将账户或权限静态地分配给一个身份。通过使用这种策略，企业根据适当的行为、上下文和其他暂时的属性对账户进行限制，确保账户不被连续地进行实时访问，以保护账户。这就降低了威胁行动者绕过相关使用政策和程序，利用永久在线型账户发动攻击的风险。这种方法要求组织建立 JIT 访问的标准，保证这些账户不会发生打破规则的情况。

虽然类似的 JIT 概念在制造业已经非常成熟，但在实施过程中，把该模型用于安全和运营解决方案中时确实会产生一些问题。首先是 JIT 账户的访问委托问题。一个账户只有在实际使用时才会被赋予权限、特权和许可。大多数情况下，它是一个特权账户，经常是一个管理员账户或一些基于某种 ITSM 例外的特殊账户。JIT 账户的目标是根据已批准的任务或审批工作流即时分配必要的特权，并在任务完成及授权访问的窗口或上下文过期后将其删除。

考虑并应用适当特权所需的模型可以使用以下 JIT 技术来实现。

- **JIT 账户的创建和删除**。创建和删除一个适当的账户，实现任务目标。该账户应该拥有与请求身份或执行操作的服务相关联的特征，以便进行记录和取证。IG 层的连接器通常可以管理这个需求。

- **JIT 组成员身份**。在任务执行期间，自动把一个账户添加到特权管理组，或者从组中删除。只有满足相应标准时，系统才将账户添加到高权限组中，并在任务完成后删除。IG 层中的连接器通常会管理这些组成员的请求，并作为正常权限模型和服务开通流程的一部分存在。

- **JIT 权限**。该账户有个别的特权、许可或权限，用以执行任务，但只有在有限的时间内满足所有标准后才执行。这些权限需要在任务完成后撤销，并且应该包括无不当更改其他特权的证明。这些都可以通过 IG 和 PAM 解决方案之间的连接进行管理，或者与目标应用程序的连接进行管理。

- **JIT 委托**。该账户与预先存在的管理账户相连，当执行特定的应用程序或任务时，使用这些凭据提升功能。这通常是通过 Windows "RunAs" 或 *Nix SuDo 自动化脚本实现的。通常情况下，最终用户认不出执行这类操作的仿冒账户，这可能会与永久在线特权账户的委托发生重叠，而且通常只有在集成到 PAM 解决方案中才能实现。

- **JIT 禁用的管理账户**。被禁用的管理员账户存在于系统中，具有执行某项功能的所有许可、特权和权限。它们可以被启用以执行特定的任务，然后在满足动作标准后再次禁用。这点与永久在线管理账户没有什么不同，但它们会利用本地启用功能来控制 JIT 访问。该功能可以通过 IG 系统或 PAM 端点特权管理解决方案（如果有的话）来实现。

- **JIT 令牌化**。应用程序或资源在注入操作系统内核之前，其特权令牌已被修改。这种形式的最小特权通常用于端点。用来提升一个应用程序的特权和优先级，而不是最终用户本身。该技术是 PAM 解决方案的端点特权管理的基石。

为使这些账户特权和权限中的任何一项即时产生，应将以下条件视为触发器，其中还应该包括变更控制窗口的时间和日期等变量，以及在检测到失陷指标时的暂停或终止条件。

- **权限**。当特权访问管理与驼峰式命名法（camel case）集成后，解决方案之间的权限可以同步进行特权访问。为此，我们可以直接通过 PAM 解决方案或通过动态权限开通来分配 JIT 访问权限。虽然 IG 权限工作流有时可能是一个较长的技术过程，但它确实提供了一种更强的控制和监督手段，同样可以通过供应商提供的集成将 IG 与 PAM 连接起来，以达到最佳效果。

- **工作流**。工作流审批的概念通常与呼叫中心、技术支持中心和身份开通控制层有关。提出访问请求，并使用确定的工作流程，向适当的审批人或所有人寻求互动审批，并被批准或拒绝访问。有了审批和审计后，就可以启用 JIT 账户了。这通常对应于变更控制或技术支持中心解决方案中的用户、资产、应用程序、时间/日期和相关票据。

- **上下文感知**。上下文感知访问基于源 IP 地址、地理位置、组成员、主机操作系统、内存中安装或运行的应用程序和记录的漏洞等因素。根据这些特征的任意逻辑组合，赋予或撤销 JIT 账户的访问权限，以满足业务需求，降低风险。

● **双因子认证（2FA）或多因子认证（MFA）**。对永久在线或 JIT 特权账户进行授权访问的常用方法是 2FA 或 MFA。虽然并没有区分两种访问技术，但它确实提供了额外的风险缓解措施，确保该身份确实可以适当访问特权账户。不过，它可以借助我们提到的任意一种技术，用作一个账户的 JIT 触发器。

JIT 触发器就是一个账户被置于临时即时状态的条件。JIT 触发器可以单独使用，也可以与其他触发器进行逻辑分组，以实现对特权账户的访问。各个团队需要考虑的关键要点是，JIT 账户的正常访问受哪些策略的制约？撤销账户应满足哪些条件？这包括：

● 用于访问和变更控制的时间与日期窗口；

● 可能存在泄密事件的命令或应用程序；

● 检测敏感信息的获取情况；

● 主会话结束；

● 在票据解决方案中是否存在相应的担保；

● 不适当地修改资源，包括安装软件或修改文件；

● 不适当的横向移动尝试；

● 对用户账户或数据集的操纵、创建或删除。

虽然这不是一个详尽的列表，但它有助于根据相应的触发器过滤 JIT 账户的可用条件。

虽然 JIT 并不是一个新的概念，但在过去的 40 年里，永久在线账户一直是管理访问的主要工具。遗憾的是，永久在线账户的风险正在扩大。为了管理解决方案，虚拟、云、物联网和 DevOps 环境需要新的高权限和特权账户。永久在线账户的数量和位置造就了复杂性。反过来，这种复杂性又往往会使安全、操作连续性和合规性的风险增加。传统的基于边界的安全技术只能保护其边界内的特权账户，但特权账户实际上已经无处不在。每个账户都可能成为下一个权限攻击向量或身份攻击向量，其中一些可以直接在互联网上访问。这就需要将 JIT 访问管理与 IG 集成在一起，确保你的环境免受身份攻击向量的影响。

第15章

身份混淆

在这个充斥着身份攻击向量的时代，保护身份不能单打独斗。威胁行动者有很多机会利用常见的信息技术来窃取你的身份。相关内容在前面章节中已经详细介绍过了。此外，还有一种可以缓解威胁攻击的方法，名为"隐私过滤器"，它可以限制威胁行动者在账户、身份和数据之间建立关键联系，避免产生身份混淆。

隐私过滤器通常是应用程序组件、专用软件，甚至是设备的物理附件，主要用于屏蔽你的数据并保护你的身份。在某些情况下，法律（如 GDPR）会要求使用此类工具模糊用户身份，之后才允许收集性能数据和分析数据。如果隐私过滤器违反数据和身份收集的监管要求，则厂商可能会受到经济处罚，并产生一些不良影响。隐私过滤器可以保护你的身份，使其免受许多物理和电子威胁，抵御威胁行动者的攻击行为。隐私过滤器包括以下几种方式。

- **隐身浏览模式（私密浏览）**。基于网络的浏览器能够阻止 Cookie、浏览器版本信息、历史数据和其他敏感信息，攻击者可以利用这些信息确定你的人格和身份，甚至根据你的计算机在浏览会话过程中提交的运行时数据发起有针对性的攻击。

- **身份混淆**。软件能够收集性能、分析、事件和支持信息，并在提交给供应商或安装解决方案之前，自动擦除用户、应用程序甚至环境中的私密信息。数据隐私相关法律禁止公司或组织存储或发送带有详细身份信息的数据，这类技术通常用于保护数据免于通过跨区域或国家/地区边界发送。

- **屏幕隐私过滤器**。是加在计算机屏幕上的物理偏光滤镜，防止威胁行动者从一旁偷看你的屏幕。当用户在屏幕正前方或从偏离垂直轴线极小的角度在屏幕上操作时，他可以清楚地看到屏幕。这种过滤器是为了防止有人肩窥屏幕上的信息，这些信息可能会出现在用户机器的屏幕上，很容易被人偷窥到。

- **访客购物车**。虽然这不能直接被视为隐私过滤器，但允许线上匿名购买商品（或使用访客账户）其实也是隐私过滤器的一种形式。用户的身份只限于交易，一个含有详细身份信息的账户不该被存储起来供以后使用。使用访客账户会降低身份账户的风险，因为你没有在潜在不可信的商家那里创建账户。对于经常在网上购物的人来说，在不经常（或一次性）光顾的商家那里购物时，强烈建议使用访客账户。

因此，根据你所在组织的要求，可以考虑应用隐私过滤器，将风险降至最低，同时满足监管的合规要求。例如，信息技术所有者可以在所有笔记本电脑上安装基于计算机的隐私过滤器，以防止数据在员工外出时被泄露，或者在金融机构的台式机上安装，以限制特权信息。安全团队可能会要求对 Windows 事件日志进行数据混淆，以防止身份信息显示在 SIEM 解决方案中。而企业可以在操作系统上使用访客账户，允许用户使用多对一的计算设备，而不是为每个身份创建账户，这样可以节省成本。虽然最后一种情况听起来有些极端，但是很多应用程序都是按用户授权的，如果数据可以用通用的非敏感方式来表示，那么保护一个人的身份（不通过创建账户）也可以在降低成本方面产生深远的影响。

使用隐私过滤器和其他形式的混淆技术有助于减少身份攻击向量的威胁。如果你考虑身份可能暴露的每一个地方，那么可能会有其他解决方案可以在不减少手头任务的情况下，来混淆身份的报告、管理和收集。

第 16 章
跨域身份管理系统

跨域身份管理系统（System for Cross-Domain Identity Management，SCIM）是在身份域、基于身份的解决方案和参与的信息技术资源之间自动交换用户身份信息的标准。SCIM 使用标准化的 REST API 和 JSON 或 XML 格式的数据，支持互操作解决方案以标准化的方式交换信息。该标准大大简化了身份和相关账户开通与撤销开通（从头到尾）的方法，这样就无须定制或使用专有的连接器来交换信息了。

> 示例分享：假设某组织吸纳新雇员，并在以后某个时候解雇他们。新雇员可能是临时员工、承包商，甚至可能是一个改变工作职能的团队成员。当把他们添加到公司的电子员工目录（Active Directory、LDAP 等）或从中删除时，SCIM 可以自动为这些用户在其他应用程序中创建或删除（开通或取消开通）账户，并与其他工具（如权限访问管理解决方案）共享信息。

因此，新的或经过修改的用户账户将使用标准协议为每个员工实现自动同步，被解雇的员工的账户会被自动删除，这就避免了未从组织中删除相关身份和账户带来的潜在风险。图 16-1 所示为 IAM 生态系统各元素之间的整合过程。

除了标准化的账户记录管理（创建和删除），SCIM 还可以用来共享用户属性、属性模式以及组和角色成员信息。身份属性可以包含应用于账户的组成员的联系信息。组成员和其他属性一般用于使用其他解决方案管理用户权限，如特权访问管理。这些值和组分配会根据雇佣与环境条件而变化。无论是在本地还是在云上，SCIM 都可以在多个管理域或直接在应用程序中同步这些信息。

SCIM 的优点显而易见。该标准不断发展，组织可以节省跨系统人工开通账户和撤销账户开通的数百个工时，同时也避免了人工开通的潜在隐患。相比之下，如果没有标准的连接方法，必须编写专门的软件连接器以实现跨专有系统来管理这些账户。这种简单的方式为大多数 IAM 供应商带来了价值，因为它们有数百个连接器来管理不符合 SCIM 的资源。

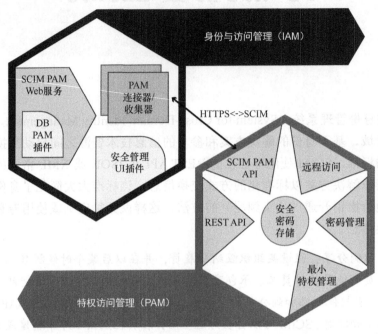

图 16-1　IAM 生态系统各元素之间的整合过程

第 17 章
远 程 访 问

远程访问技术面临的挑战之一是为组织外的团体和个人提供基于角色的访问。他们的资产基本不受信任，他们的账户一般都不在你的控制范围之内。他们本质上是外来实体，在启动连接或远程会话之前都需要进行验证和认证。这种情况一般发生在需要以远程访问的方式进入你的环境的供应商和承包商上，他们一般没有目录服务或权威存储来管理用户的身份和相关账户。

如果一个组织试图基于一个未管理的账户来提供身份验证，那么这种风险对企业来说通常是不可接受的。组织习惯上会为这些身份创建域账户，这样它们就可以针对域进行认证，而它们的账户则被置于管理之下。这就形成了一个有趣的两难局面。用户的身份拥有由组织管理的账户和凭据，但他们不是组织的员工。你与他们的关系是不被信任的，两者正在使用的资产可能不在你的管理控制范围内，无法得到安全保障。也许你的管理模式是分户管理，只控制账户本身。这就需要使用用户的身份将远程访问等技术抽象到更高的层次，而不仅仅是在你的域中使用代理账户。问题是如何实现这个目标？

无论你如何划分，最终用户仍然需要一个账户来启动连接。你是否在你的域中创建账户可能是由你的安全策略（而不是风险本身）决定的。风险表现在账户的访问控制、连接来源、连接和网络连通性方面。例如，远程访问连接是否需要：

- 通过 VPN 客户端连接；

- 基于协议的 RDP、SSH 或其他专用应用程序的隧道；

- 通过 NAC 解决方案连接，进行资产健康检查；

- 符合可接受用途，意味着应用程序和远程应用程序的安全；

- 使用专用安全的远程访问技术；

● 为使任务成功，远程安装远程浏览器或专用"胖客户端"软件。

在上述每一种情况下，账户可能被信任，但资产（主机）可能不被信任，除非设备是由组织配备的。对于承包商、远程员工或供应商这样的人来说，设备有可能是由其他人管理的，对供应链的威胁验证是策略而不是技术方面的工作。因此，首先要考虑用于认证的账户，它应该在 IG 系统的控制下，并且应该有一个真实的员工作为其所有者。然后保证有一个账户用来管理作为潜在高风险资产的连接设备。减少威胁的措施应从身份层面开始，并向下传播到所有相关账户和权限。在这里，失陷指标的一个例子是，当一个身份同时使用一个以上的账户时要有权衡能力。

远程访问技术既可以云部署，也可以本地化部署，或通过已有工具（如 VPN 和 RDP）实现。为了减弱身份攻击向量，组织应基于三大支柱模型降低来自资产的风险，并严格按照账户和最小权限模型提供连接。

为了实现这个目标，远程访问解决方案必须与 IG 中的角色和特权兼容。这将为相应的账户分配权限，使其只能为相应的目标启动远程会话。而且，远程会话工具必须将资源的使用情况抽象为风险最低的共同支配者。这通常是一个 Web 浏览器，如果远程访问技术可以通过 Web 浏览器使用所有会话，就可以抽象出一个身份，因为只有一种连接类型可用。

这种基于身份的远程访问方法只出现在将远程访问和 IG 整合为一个解决方案的供应商中，其目标是把外部账户的访问与用户访问资源的身份联系起来。这个方法的最简单的解释是，远程访问（不管是内部、云还是外部）都应该使用基于治理的方法来管理和控制访问，以降低连接资产的风险。我们无法知道什么资源可以访问某个账户，特别是连接的资产不在你的控制之下的时候。它可能是威胁行动者、受信个人、不受信设备以及其他组合。在基于治理的方法中，用户是由其身份（位于账户之上的层）管理的，访问是由 IG 系统和远程访问解决方案一起授权的。PAM 解决方案可以通过限制对这些特权的访问来提供额外的控制层。最后，你可以随时对有访问权限的人进行访问审查，并可以随时对来自任何来源的活动进行会话监控，判断其是否正常。

第 18 章
基于身份的威胁响应

没有人愿意应对安全事件或攻击事件。永远也不会有一个"合适的时间"出现攻击事件。我们应该考虑的是如何在出现网络威胁攻击之前阻止它。

真正做到第一时间防止网络攻击的发生几乎是不可能的。事实上，几乎每个组织都经常遭受安全事件的困扰。事故或威胁识别的步骤（从威胁捕获到搜索明确的 IoC）已经很成熟了。不同的组织有不同的流程，不过恶意软件、身份盗用、横向移动、数据渗漏等常见事件都已经成为事后清理计划的一部分。

如果攻击行为很严重（比如，服务器和域控制器遭到入侵），组织可能别无选择，只能从头开始重新安装整个环境。虽然这是最坏的情况，但确实会发生。在许多情况下，企业还是会选择尽可能地刷新服务器，而不是从头把系统重装一遍，这是一个基于风险、可行性和成本的业务决策。如果一种威胁使用技术手段绕开了传统的识别措施，它就会一直存在。这是一种非常糟糕的状况。如果你觉得不可能，请你回顾一下 rootkit、Spectra 和 Meltdown 等威胁的历史，它们都提供了一种持续攻击技术资源的方法。归根结底，威胁行动者的目标是身份及其相关凭据，而且往往都能成功。

无论你的防范策略如何，可以确信的一点是，通过某种手段，威胁行动者最终会获得你的凭据以及其他信息。这意味着所有清理工作都不应重复使用连接到攻击行为的现有身份、凭据、账户、密码或相关密钥。事实上，在所有受影响或连接的资源中，轮换/重置所有凭据是最佳实践，包括那些特定事件中威胁行动者没有直接使用的凭据。

这种情况下，IG 和 PAM 解决方案可以在攻击或事件后大有用武之地。使用前文中提到的自动化和自助服务功能，有助于防止身份、账户、凭据和密码的重复使用。通过创建一个基于系统的方法来追踪、管理和重置访问，可以大大缩短弱化威胁所需的时间，减少对用户和业务流程的影响。

有鉴于此，请考虑使用如下步骤来制定补救计划。

取证

● 隔离遭到泄露的身份以及所有相关账户，包括人类和机器使用的那些账户。这项取证工作并不会影响所有账户。然后，根据特权所在的位置，由 IG 或 PAM 解决方案对访问进行重置。

● 确定哪些账户遭到泄露，并被用于访问和横向移动。这些账户都应该删除和重新创建。通常情况下，仅重置密码是不够的，尤其是当威胁行动者已经入侵了 SID 或更改了登录配置文件脚本或登录执行路径时。

● 确定这些账户和连接泄露的资源。例如，入侵资产 X 或应用程序 Y 的同一个账户也被用于应用程序 D、E 和 F 的资产 A、B 和 C 上，这样它们就可以相互通信。

● 找出威胁行动者创建的所有非法身份和账户。基于访问的审查和账户核查报告将有助于完成这一任务。

● 分析攻击者在入侵期间如何使用/访问数据。在滥用特权账户的过程中是否获取了任何 IoC 数据？如果获取了数据，是否有助于识别威胁？如果没有获取到数据，请确定需要改变的资源，以监控未来对账户或特权的滥用，这包括特权账户的使用，以及适当的会话监控和击键记录。

补救措施

● 清除威胁行动者创建的所有不法身份和账户。

● 删除或分割所有影子 IT、物联网或其他属于网络攻击链的资源，利用横向移动来防范未来的威胁。

● 确定每个账户执行其功能所需的最小权限。大多数用户和系统账户不需要完整的域、本地管理员或 root 账户，补救措施应将适当的身份访问与管理角色应用于账户，以最大限度地降低风险。

请注意，这种分析不是小事，执行这些任务时，可能需要第三方的帮助。不言而喻，我们需要一些工具来帮助发现被入侵的账户，以找出被更改的资源，并判断非正常的使用模式，最重要的是，标记存在潜在特权滥用的情况。即使把所有可用的日志和使用数据发送到 SIEM，也需要通过关联性或用户行为分析来回答这些问题。基于 AI 和 ML 技术的 IG 解决方案有助于我们在早期检测以及整个取证和补救过程中识别这些威胁。

一旦进行了初步调查，在发生入侵后，IG 和 PAM 解决方案可以从以下 5 个方面提供帮助，它们应该是清理工作的重要组成部分。

- 发生入侵后，自动启用可能已被识别为不属于已知状态的 IG 模型的账户。其目标是快速和有效地将其纳入管理之下。根据既定政策，实施独特和复杂的密码，并使用 PAM 系统对每个密码进行自动轮换。这将有助于确保攻击者无法持续利用已泄露的凭据。

- 对于所有连接账户，请检查使用信息，若有必要，还要定期轮换密码、密钥和证书，甚至更换你的服务账户。这将使账户保持同步，并与其他形式的密码复用隔离。

- 在适用的情况下，逐渐删除各个环节中不必要的特权账户，包括与身份相关的所有二级账户。对所有需要管理权限的应用程序、命令或任务，考虑使用最小权限模式，提升应用程序（不是用户）权限，执行特权管理。

- 使用你的 IG 和 PAM 基础设施，从命令或非法用户行为中寻找有横向移动企图的 IoC。这是网络杀伤链的关键部分，这些工具可以帮助我们识别是否有资源被入侵。

- 应用程序控制是对抵挡恶意软件的最好措施之一。这种功能包括通过利用各种形式的基于信誉的服务来寻找容易受到威胁的受信任的应用程序。此时，IG 和 PAM 也可以提供帮助。先根据信任和已知风险判断应用程序的运行时间，然后再允许它与用户、数据、网络和操作系统进行交互。

对于新项目和遗留系统，我们应该考虑使用 IAM 和 PAM 阻止身份与特权攻击向量。在事件发生后，还要考虑对事件进行取证和补救控制，因为它可能是你的组织中最容易实施的措施，我们可以把威胁行动者与遭到恶意攻击的身份联系起来。

因此，作为一种最安全的做法，身份和特权访问应该始终关联在一起，并作为一种综合性的解决方案使用。当威胁行动者获得了管理员或 root 凭据时，他们手里就有了进入你的管辖范围的万能钥匙。我们的目标是阻止他们获得这把钥匙，防止他们拥有被入侵的账户。

第 19 章
与身份有关的生物识别风险

几年前，美国人事管理办公室（OPM）的生物识别数据在一次备受关注的攻击事件中发生泄露。与账户、用户名和凭据不同的是，这种生物识别数据无法更改，并且与某一个身份永久连接在一起。所以，生物识别数据的安全性是一个必须要考虑的因素。

有多种技术可以用来获取数字生物识别信息，并制作出假指纹等攻击工具。这些技术都是用来绕过生物识别扫描器的，甚至还有伪造使用墨水指纹技术的传统纸质工具。

尽管许多厂商都把生物识别技术视为身份认证的圣杯，但生物识别数据的大规模泄露以及无法阻断其来源，凸显出这种方法的缺陷。由于这些原因，生物识别数据只能用于授权，绝不能单独用于认证。

正如我们前面所回顾的，简单地说，授权是对执行任务的许可，也就是在不验证你是谁或者自称是谁的情况下执行的能力。比如最常用的生物识别授权方式之一是 Apple Pay，当你把手指放在触摸识别传感器上时，你会获得支付授权。

但认证不一样，它要验证你是一个人，以及你是不是自称的那个人。它并不授权你执行任何任务，而只证明你的身份。目前主要通过用户名和密码、双因子认证、智能卡以及一次性密码等技术进行认证。这些技术一般会把隐秘知识与第二种物理介质联系在一起，或者创造一个只有你才知道的独特编码。认证系统的各个组成部分都只是为了证明你的身份，它们并不授权你代表的人做任何事情。

所以，问题就出在这里。一些生物识别技术正在模糊授权和认证之间的界限。它们采取一种基于技术的复杂化方法来识别个人（认证），再将其与执行任务的权限（授权）合并。当生物识别数据遭泄露时，安全性会受到极大影响，这些数据会被用来渗透用户的身份或执行非法任务。

尽管 OPM 事件是这类重大攻击事件的第一起，不过它的影响非常深远。遭窃取的生物识别数据可以用来针对指定的人发动授权和认证攻击，包括世界上一些价值很高的人物和资产。单独使用生物识别技术发动授权和认证攻击时，这两种类型的攻击都能轻松地完全绕过传统的用户名和密码防线。因此，必须要把认证和授权分开，并且需要清楚理解两者的不同定义。

生物识别数据与其他形式的数据一样，采用电子方式存储。生物识别数据通常会被加密，并采用各种形式的密钥机制来确保仅凭单个数据源无法泄露其内容。供应商宣称生物识别数据不可能被黑客攻击，但历史证明，从恩尼格玛（Enigma）密码机到 RSA 密钥都有弱点，每一种加密方式都可能并将遭到攻击。阻止这些情况的发生只是时间、持久性和计算速度的问题。

虽然有的系统宣称目前不可能被黑客攻破，但这也只是在一定的时间内如此。生物身份会伴随你一生，指纹和眼睛里的血管无法改变。因此，随着我们年龄的增长，保护生物识别数据的系统很可能会被攻破。考虑到 20 世纪 50 年代的计算机仍在运行空中交通控制、发电厂和其他基础设施，我们有理由相信今天的一些系统和数据库可能在 60 年后也依然存在。这是很正常的！

最后一点值得注意，关于生物识别技术的争论并不鲜见。窃取他人肖像的故事并不限于科幻小说，在《网络迷因》和《流言终结者》等电视节目中也多次出现。重要的是，硬件和软件供应商在很大程度上采用生物识别技术作为下一代安全解决方案。

在过去的 10 年里，我们见识了笔记本电脑上的指纹读取器（其中大部分已经被破解），以及面部识别软件，它使用本地摄像头验证用户身份并充当用户登录系统的一部分。事实上，大多数 Android 手机都存在这些缺陷，而且相关人员已经证明 3D 打印面具（头部）可以欺骗这些系统。尽管生物识别技术应用了多种技术进行面部识别（视觉、红外线等），但最终数据都以电子方式存储，就像以前的每一项技术。其中用到的相关设备仍然是带有存储设备的计算机（无论是否加密），而且需要以某种方式检索生物识别信息以完成认证过程。因此，这样的设备不定什么时候就会以某种方式被攻击者攻击。威胁行动者只需要找到其中的薄弱环节，就可以成功地启动攻击向量。

OPM 攻击事件表明，生物识别数据是有可能被窃取的。采用生物识别技术的用户和企业需要把任务分离，再分别予以相应的保护。如果我们继续模糊化授权和认证的界限，生物识别技术灾难的爆发就不远了。但只要我们能把两者分开，严格区分，其中的风险是可以控制的，并且可以避免未来有可能出现的身份混乱问题。

第 20 章

区块链与身份管理

尽管比特币、区块链和加密货币仍处于起步阶段，但相关宣传的夸张程度实在令人震惊。事实上，关于比特币的宣传已经失控了，网约车的司机都在经常讨论区块链，父母使用比特币支付女儿的婚礼开支等事件都登上了新闻报刊。

如果你对这些技术有所了解，很好，说明你已经走在了别人的前面。不过希望你已经意识到，区块链和加密货币的商业价值实际上远没有宣传中说的那么神通广大。

20.1　了解区块链和分布式账本技术

简单地说，区块链是一个分布式电子账本系统，在多个节点上维护着多个副本。区块链并不是数据库的替代技术，而是一种专门的计算技术，基于分布式密码验证系统来保证数据记录的安全。区块链本身是一类技术的具体实现，这类技术通常被称为分布式账本技术（Distributed Ledger Technology，DLT）。

为了理解区块链和 DLT 系统的工作原理，我们首先需要理解如何使用加密哈希创建区块和链，同时还需理解分布式共识的概念，就比特币的实现而言，我们必须理解工作量证明的原理（见图 20-1）。

图 20-1　理解分布式账本技术和区块链

20.1.1 哈希

加密哈希是一种单向加密的数学算法，用于创建防篡改的在线数据。加密哈希是与区块链相关的一切的核心，我们必须对它的功能有一个初步的了解。

作为一个数学函数，当输入某些数据时，哈希会创建出唯一的随机摘要或指纹作为输出（见图 20-2）。它提供单向加密过程，其暴力破解成本很高，但验证速度非常快。这种独特的特性有助于保护输入数据，能够防止数据被篡改，而且不需要与第三方共享输入数据。对某个数据进行哈希处理后，如果我们分享加密数据和其哈希值给其他人，大家就可以一起做到不泄露验证了。这种在不泄露数据的前提下验证数据完整性的能力，正是区块链系统工作的关键。

SHA256 ("HelloWorld") = 摘要

图 20-2　加密哈希的流程

20.1.2 区块和链

哈希用于采集数据块的指纹并进行验证。一个区块由一些头信息和有效载荷组成。有效载荷是我们打算分享的数据及其哈希值。每一个数据块都包含前一个数据块的哈希值，并以此与前一个数据块链接在一起。在图 20-3 所示的示例中，区块 A 的哈希值包含在区块 B 中，区块 B 的哈希值是对两者的验证。虽然比特币的区块中还包含了排序、时间戳等重要信息，但其基本工作方式与上面介绍的一样。如果想了解比特币区块链上的实时区块，可以访问 BlockExplorer 网站，其中展示了实时运行系统的细节。

关于区块的另外一个重要的方面是，它们都挂在一个链上，这个链的结构和完整性通过捕获前一个区块的哈希值来保证。如果一个恶意攻击者篡改了链中的一个区块，该区块的哈希值就会失效，就像 Fleetwood Mac 的歌词中"挣脱锁链"一样。现在的问题就变成了是什么在阻止准备充足的攻击者篡改一个区块？重新计算所有哈希值在计算上会很麻烦，但肯定是可行的。这个问题的答案就是分布式共识。

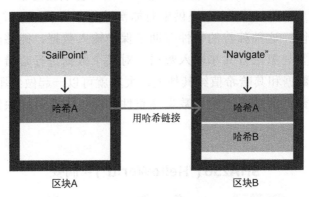

图 20-3　区块链中的数据块

分布式共识

分布式共识是一个非常有趣的概念，也是 DLT 工作方式最具创新的地方。首先，区块链有多个副本，每个副本由网络中的一个独立节点托管。这就是所谓的分布式，如图 20-4 所示。也就是说，网络上成千上万个节点都在维护区块链的一个独立副本。

区块链网络中的每个节点都在忙着监听交易（支付），创建新的区块，并争先恐后地将该区块发布给网络中的其他节点。当一个节点赢得了这场比赛，而且确实是第一个发布一个区块时，它还要通过其他网络参与者的验证。除非大多数节点都确认了区块链的加密完整性，否则新发布的区块就不会被接受。实际上，每个节点都在参加一场规模空前的加密处理竞赛，其目标就是争得第一。这是分布式共识的核心原理。从字面上看，也就是成千上万个独立实体同意区块链的加密完整性。

图 20-4　通过多节点托管和发布链的分布式共识

20.1.3　工作量证明

节点并不是轻而易举地就能发布一个区块，它们首先要解决一个相伴而来的加密难题。这个难题称为工作量证明。从本质上讲，区块链的工作量证明是一个巧妙的加密猜测游戏。这个游戏描述的是，取一个区块，在它的末尾添加一些数据（基本上是一些无意义的字符），然后整体生成一个哈希值。这个过程不断重复，直到在输出的随机性中找到一个特定的数字模式，对于比特币网络来说，这个数字模式指前面是一系列零，如图 20-5 所示。

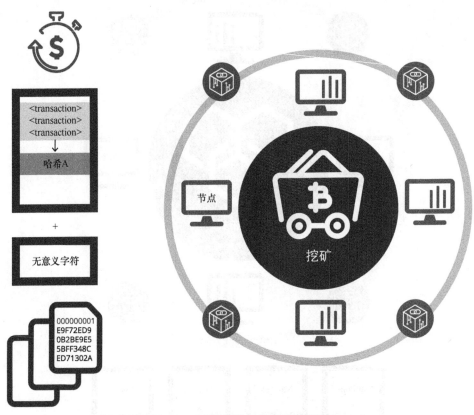

图 20-5　区块链的工作量证明系统

实际上，添加数据、生成哈希、寻找训练零数据的流程就是一个巨大的博弈。可能要经过上亿次的猜测，才能随机生成正确格式的输出。这种计算性猜谜游戏需要花费时间和金钱。准确地说，在全球最大的专用服务器上，解决这个难题大约需要 10 分钟。当然，这种计算会消耗 CPU 时间和电力。所以，一旦有节点解决了这个难题，它就会迅速地把自己的区块发布出去，让网络中的其他节点进行验证。请注意，区块链遵循的是一种先归档后验证的模式。

如果一个新发布的区块未能通过网络中大多数节点的验证（分布式共识），这个区块就会被忽略，而发布者也浪费了生成它所投入的时间和金钱。这个解谜和发布区块的过程就称为加密挖矿。

现在你可能会问自己：矿工为什么要竞争？为什么他们争着把时间和金钱投入到一个巨大的加密彩票中？答案很简单，如果他们赢了，就会得到一定的比特币报酬。你可能还会问：区块链系统为什么需要矿工？为什么要设置难题并付出代价？答案是，区块链正常发挥作用需要多个参与者形成的社区。它需要多个节点托管链、发布区块，以及验证其完整性。一个去中心化的系统要想成功，需要吸引大量节点参与，这样才能产生分布式共识。

20.1.4　缺陷与保护

从本质上讲，与比特币相关的区块链技术每秒只能处理有限数量的交易，并且不能存储复杂的记录或 BLOB 数据，只能存储具有有限起始日期的账本式信息，如发送信息或启动和处理日期。

在区块链最近的迭代中，已经克服了这一限制，使用混合数据模型或账本式索引来检索更复杂的数据集。这些指针需要访问驻留在另外一个位置的额外数据集，并以额外的特权加以保护。因此，若无附加存储，额外的文件、图片、视频和其他大型数据集就不适合应用区块链技术。这也是每个人需要了解的一个问题。区块链的实现有点像 Napster、LimeWire 或 BearShare 等老式点对点（P2P）网络技术。每个节点都包含了所有记录的数据库，任何新的条目都需要传播到其他所有节点才能生效。所不同的是，数据一旦插入账本中，就是永久的，而且账本要全部复制到所有节点，以确保还原能力和完整性。因此，节点越多，账本越大，整个过程就越慢。

点对点网络会查询其对等节点的条目，但 DLT 区块链实际上包含了对等节点所有条目的副本。这意味着篡改一个节点不会使整个区块链失效。任何进入区块链的新条目都必须经过适当的验证（就比特币来说，是工作量证明），才能被接受为一个账本条目，并传播到其他节点。这就涉及安全问题。

区块链账本中的条目需要验证是否存在欺诈活动，更重要的是，包含区块链实现的主机必须确保安全，以防止发生漏洞和特权攻击，因为这可能会损害或篡改区块链的插入。

区块链的实现可以有明确受信任的节点（通常只在商业实现中存在），也可以在公共互联网上（如比特币），这时账本随时随地都存在。因此，不存在区块链账本修改（条目删除或修改）的概念。这是保护数据完整性的关键所在。一旦一个条目被大多数节点所接受，它就被认为是永久性的。因此，如果你能攻击服务器、应用程序和账本进程，你就可以通过欺诈性插入方式来篡改区块链。最近的一些加密货币攻击就是这样发生的。服务器和应用程序一直是受攻击的目标，有时攻击并不直接针对区块链。

对于安全性，区块链的实现和使用它们的应用程序是一样的。在账本中插入数据时，如果安全控制不力，会导致数据被篡改。就比特币来说，除了所有比特币服务器 51%的所有权，服务器本身也会通过工作量证明系统来验证其条目。工作量证明是一种重复的数学计算，旨在阻止威胁行动者发布欺诈性的账本条目。

20.2　对 DLT 应用身份管理

那么，我们如何保证区块链实现的安全呢？首先，我们要维护基本的网络安全。由于账本及其基础设施和其他应用程序一样运行在计算机上，因此考虑以下这些基本的最佳实践。

- 使用 IAM 来控制对解决方案或其基础设施的任何访问。

- 使用 PAM 控制与系统及其基础设施相关的所有特权账户，确保对主机进行监控和对资产的漏洞进行妥善管控。

- 使用漏洞管理软件确保主机和应用程序的完整性，防止篡改可能导致的区块链账本中条目的不当读取和写入。

- 使用补丁管理和软件版本管理等最佳实践，对系统所有部分进行及时补救、缓解或强化。

一旦涉及基础，我们就需要考虑 DLT 实现的独特特性，并对其进行保护。

- 写入区块链的新条目应该使用动态特权以保证安全，且只对一次性使用有效。这可以通过特权密码访问解决方案和 API 访问的受控密钥/密码来实现。一次不安全的区块链插入操作可能会导致毁灭性的结果。

● 从区块链中读取数据时也应该采用类似的方式进行安全保护，以确保检索在应用程序处理之前不会被篡改（即通过中间人攻击）。

由于区块链中的记录不允许修改和删除，因此所有条目在写入之前都要经过双重检查和验证，以避免整个模型（账本）被攻击。可以把区块链看作数据存储的另一个应用程序。如果应用程序或主机可以在账户或身份层面被篡改，那么区块链也可以被篡改。在设计和实现过程中，应该使用确保安全和完整性的最佳实践，最大限度地减少糟糕的情况发生。

为保证区块链的安全，架构师和安全专业人员必须假定应用程序控制模型的逻辑允许一个条目进入区块链。这种完整性检查完全是使用区块链的应用程序的责任，因为被存储的数据可能是任何内容，从比特币交易到生产或发送应用程序的数据。请记住，一旦生成了条目，就不能删除、修改或撤销，只能链接到可以将其替换的新条目。这使得区块链很适合"新"信息，不适合存储复杂变化的数据集。

那么问题就变成了如何保证条目的安全，使业务逻辑本身之外不会发生恶意行为。基本原理图和简化工作流如图 20-6 所示。

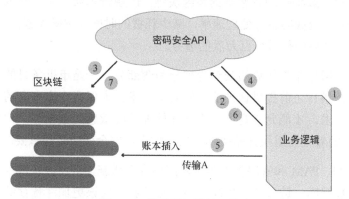

图 20-6　简化的区块链工作流

1. 应用程序的业务逻辑批准一个条目进入区块链。在无任何 IG 或 PAM 保护的情况下，插入条目将通过传输 A 进行，由于没有额外的验证，因此可能会被篡改。

2. 应用程序的业务逻辑采用即时模型向 PAM 解决方案请求一次性密码或密钥。这个凭据只对一个事务（插入或读取）有效，可以指定额外的访问控制参数：

● 区块链账本条目的来源；

- 存活期；

- 与外部日志或其他应用程序的连接。

3. 特权密码管理方案在区块链应用程序中设置一次性密码或密钥，赋予其写入账本的权限。这可能是一个有写权限的特权用户，但其密码或密钥是由密码保险箱自身管理的，一经使用，就会被重置或失效。

4. 为区块链用户设置好密钥或密码后，将其发回给业务逻辑。

5. 业务逻辑使用带有一次性凭据的传输 A 插入账本条目。

6. 完成后，业务逻辑会通知密码保险箱任务已经完成，应该终止一次性密码。

7. 接下来，密码保险箱将用户的可写账户重置为其他应用程序都无法使用的加扰密码或密钥，以防止非法条目进入。只有业务逻辑才能安全地请求下一次有效事务的有效密钥或密码。

这个工作流假设对业务逻辑和不可篡改的应用程序有很强的信心，事实上，它确实可以防止威胁行动者恶意读写区块链。区块链本质上是一种低容量存储介质，我们期望有较低的事务处理速率，减少耗费的时间（关键流程需求），因此完全不像企业数据库中每秒数百万次的事务。

因此，应用程序工作流的安全管理分为两部分，一是审批条目的业务逻辑，二是在添加新条目之前提供认证的密码安全技术。为保证账本内容的安全，必须满足这两个要求，才能允许写入操作（在处理极度敏感的数据时，读取操作也会这样要求）。随着企业组织开始接纳区块链技术，安全变成了最重要的问题。

应用 IAM、PAM 和密码管理等基本网络安全措施，会使区块链实现的安全性高于传统的数据库。链式的无更新特性意味着我们应该更加注意存储的内容。一旦有条目进入账本，它就是永久性的，因此需要更为谨慎。这种存储方式意味着保护区块链实现的做法与过去有所不同。这需要我们更多地关注保护身份和账户的最佳实践，而不仅仅是区块链技术的内在完整性。

基于上述原因，我们不建议把基本的区块链作为 IG 模型的扩展来存储账户和身份信息。取而代之的是，寻找使用权限受控的 DLT 产品，并应用强大的访问控制和审计功能。这些可扩展的企业级 DLT 栈更适合需要集中审计和访问控制模式的系统。

20.3 治理区块链

随着区块链和企业级分布式账本技术的普及，以及企业系统对该技术的使用，身份管理部门的工作是帮助保护其安全。在实践中，这意味着对受许可的账本进行控制和监督。

到目前为止，受许可的账本系统似乎正朝着非常传统的访问控制列表（Access Control List，ACL）的方式发展。也就是说，对 DLT 系统的所有访问都是通过既定的账户和权限进行控制的。这些系统中的账户必须被创建和删除，并使用正常的"许可和权限分配"模式。对大多数 IG 系统来说，整合这些系统只需要提供一个新的连接器，这个连接器使用的是受许可的账本框架提供的 API。有了基本的连接器，IG 系统就能像管理其他资源一样管理这个新资源，为其分配生命周期提供可见性、控制和治理。

第 21 章

结 束 语

身份攻击无法依靠任何单一的技术、工具或技巧来预防或解决，当然也没有一劳永逸的快速解决方案。身份与访问管理是一个持续的过程，它必须成为保护基础设施安全的关键部分。我们必须把 IAM 最佳实践作为企业文化的一部分，并作为持续管理方法的一部分进行全面实施，以应对环境中的多种变化、威胁和风险。实际上，这是一个永不停歇的过程，因为你的业务永远不会停止。

作为 SailPoint 的 CTO 和 BeyondTrust 的 CTO 和 CISO，我们都认为我们有世界上最好的工作！我们有时候会聊到哪家公司更好，不过总是得出这样的结论：每天我们都能与优秀的客户、合作伙伴和潜在客户接触，并与行业内最聪明的人合作共事。我们发现能和我们一起共事的人，都和我们一样对身份与权限管理充满了热情。我们是技术的革新者和倡导者，我们可以与这群博学多才的人一起深入思考和公开讨论各种与安全有关的话题。我们被问及的最普遍的一个问题是，身份和权限的未来会是什么样？现在云计算、移动技术、DevOps、物联网和人工智能技术已经在大多数企业中得到应用，思考我们的行业在 10 年后的发展前景是一件非常有趣的事情。

当然，谁都没有能够窥探未来的神奇水晶球，所以对这个行业的任何预测都是一场博弈。这里能给出的最好建议是，专注于 IAM 的核心原则，因为这些原则得到了多次有效证明。大家应该接纳并实施那些久经时间考验的最佳安全实践（撇开 R2D2 和量子计算不谈）。回顾行业领域知识，我们总结出了一套身份治理和权限管理的基本成功模式。当然，我们还会继续发展和完善自身在这一领域的想法，但现在，我们至少可以就如何进行身份治理和权限管理提供一个统一、互补的策略。

在这里，我们提出有关身份攻击向量以及如何进行身份访问管理的关键原则，以确保实施能够成功并能经得起时间的考验。

1．考虑身份而不是账户

在云计算出现之前，我们就了解到组织中的一个最终用户通常在整个基础设施中拥有多个账户，而且每个账户有多个权限。如果企业只把 IAM 项目的重点放在账户层面的管理上，那么我们将无法正确全面地了解"谁对什么有访问权"。了解身份与其账户之间、账户与其权限之间，以及权限与其保护的数据/信息之间的关系是关键。通过把与身份相关的数据集中起来，企业有了一个统一的地方来模拟角色、策略、权限和风险，有了一个统一的地方来建立合规/审计政策，有了一个在整个组织中开通权限、管理权限和控制访问的统一方法。

2．可见为王！孤立为恶！

随着云计算、移动技术、DevOps 和物联网等新技术与 SAP、Oracle 和 RACF（是的，RACF 还存在）等成熟的企业主流技术的融合，每个人都需要一个集中可见点。所有包含有价值或敏感数据的企业应用程序或执行关键 IT 操作的流程，都必须把管理的重点放在自动化、治理和合规上。这种单点可见性使得组织能够利用通用的检测和预防控制手段，确保对其身份和访问数据有企业级的视图控制。这使得业务和 IT 相关人员能够有效地分析风险，做出明智的决策，并以自动化和可持续的方式实施适当的控制。

3．全生命周期身份治理是必需的

始终对身份及其访问的生命周期进行管理，将其与负责该身份的业务策略和业务人员联系起来是至关重要的。我们必须在身份的整个生命周期内应用 IG 策略的最佳实践，包括从加入到变更和离开，以及贯彻整个访问请求、开通和访问审查流程。通过在整个身份的生命周期流程中嵌入策略和控制，组织可以实现高度自动化、持续合规，并降低安全风险。

4．综合部署特权访问管理

为防止攻击者攻击应用程序和基础设施中的特权访问措施，必须采取综合、全面的方法对特权凭据和访问进行保管、审计与监控。为此，除了需要选择合适的 PAM 供应商和最佳工具，还要把该技术全面整合到整个安全生态系统中。也就是说，必须把 PAM 和 IG 整合在一起，为 PAM 基础设施的组成、分配和使用提供审计、控制与治理是至关重要的。

5．采用预测性方法

机器学习和人工智能技术正在被广大供应商和企业所接受。应该积极应用这些重要的新技术，帮助安全人员、合规团队和广大业务用户群体做出更智能和更明智的访问决策。把这些技术所产生的知识、洞察力和建议全面纳入你的 IG 流程，以便提供实时策略，做出更好的访问认证决策、更智能的控制和更明确的治理。

6．应用最小权限原则

随着账户和权限不断受到攻击，我们要坚持实施最小权限访问方法，而且这一点变得越来越重要。也就是说，无论是在制定实际访问决策的时候，还是在权限分配、开通和生命周期管理的时候，都要求我们制定出更明智、更精细的访问决策。为此，在实践中，我们要设计更小、更精细的密码库，设计细粒度的权限，并采用更灵活、更灵敏的方法来分配和撤销访问权限。

7．用户体验是第一位的

身份治理和权限管理技术必须提供良好的整体用户体验。我们必须为关键的安全流程提供良好的用户体验，这样才能促使组织内的各种人员广泛参与并采用制定好的安全流程。同时，这些工具和技术的使用体验能够让组织内的业务人员觉得安全流程是其业务流程的一部分，而不是一个独立的附加进去的流程。